Tobias Gotschke

Untersuchungen zum geordneten Wachstum von III-Nitrid Nanodrähten

Tobias Gotschke

Untersuchungen zum geordneten Wachstum von III-Nitrid Nanodrähten

Analyse der Nukleations-, Dekompositions- und Diffusionsmechanismen

Südwestdeutscher Verlag für Hochschulschriften

Impressum/Imprint (nur für Deutschland/only for Germany)
Bibliografische Information der Deutschen Nationalbibliothek: Die Deutsche Nationalbibliothek verzeichnet diese Publikation in der Deutschen Nationalbibliografie; detaillierte bibliografische Daten sind im Internet über http://dnb.d-nb.de abrufbar.
Alle in diesem Buch genannten Marken und Produktnamen unterliegen warenzeichen-, marken- oder patentrechtlichem Schutz bzw. sind Warenzeichen oder eingetragene Warenzeichen der jeweiligen Inhaber. Die Wiedergabe von Marken, Produktnamen, Gebrauchsnamen, Handelsnamen, Warenbezeichnungen u.s.w. in diesem Werk berechtigt auch ohne besondere Kennzeichnung nicht zu der Annahme, dass solche Namen im Sinne der Warenzeichen- und Markenschutzgesetzgebung als frei zu betrachten wären und daher von jedermann benutzt werden dürften.

Coverbild: www.ingimage.com

Verlag: Südwestdeutscher Verlag für Hochschulschriften GmbH & Co. KG
Heinrich-Böcking-Str. 6-8, 66121 Saarbrücken, Deutschland
Telefon +49 681 37 20 271-1, Telefax +49 681 37 20 271-0
Email: info@svh-verlag.de

Zugl.: Berlin, HU, Diss., 2012

Herstellung in Deutschland (siehe letzte Seite)
ISBN: 978-3-8381-3309-6

Imprint (only for USA, GB)
Bibliographic information published by the Deutsche Nationalbibliothek: The Deutsche Nationalbibliothek lists this publication in the Deutsche Nationalbibliografie; detailed bibliographic data are available in the Internet at http://dnb.d-nb.de.
Any brand names and product names mentioned in this book are subject to trademark, brand or patent protection and are trademarks or registered trademarks of their respective holders. The use of brand names, product names, common names, trade names, product descriptions etc. even without a particular marking in this works is in no way to be construed to mean that such names may be regarded as unrestricted in respect of trademark and brand protection legislation and could thus be used by anyone.

Cover image: www.ingimage.com

Publisher: Südwestdeutscher Verlag für Hochschulschriften GmbH & Co. KG
Heinrich-Böcking-Str. 6-8, 66121 Saarbrücken, Germany
Phone +49 681 37 20 271-1, Fax +49 681 37 20 271-0
Email: info@svh-verlag.de

Printed in the U.S.A.
Printed in the U.K. by (see last page)
ISBN: 978-3-8381-3309-6

Copyright © 2012 by the author and Südwestdeutscher Verlag für Hochschulschriften GmbH & Co. KG and licensors
All rights reserved. Saarbrücken 2012

*Ich widme diese Arbeit
meiner Familie und meinen Freunden*

Abstract

The optimization of III-Nitride nanowire (NW) growth is investigated here. To this end, the influence of the Si- and Mg-doping of InN nanowires as well as the selective area growth (SAG) of GaN NWs on Si substrates was developed, optimized and thorougly analyzed. The goal of this work is the developement of NWs with homogeneous lengths and diameters which is necessary for the realization of controlable devices. In addition, the growth mechanisms are not well understood and can be more deeply investigated with the selective approach.

The thesis begins with the investigation of Si- and Mg-doped InN NWs. The variation of the growth parameters for Si-doped InN NWs surprisingly reveals a non-monotonic dependence of the morphology of the NWs and an extended growth window towards higher substrate temperatures. In addition, the NW density can be reduced and the diameter and length homogeneity improved for high Si doping levels. In contrast, no impact on the morpholgy of the InN NWs is observed under Mg-doping. Nevertheless, indications of a successful incorporation of the Mg-atoms into the NWs as acceptors are found by careful optical and electrical studies.

The next part of the work focus on the SAG of GaN NWs. As a first step, the non-selective growth at high substrate temperatures is investigated for various Ga-fluxes and substrate temperatures. It appears that tilted NWs nucleate preferentially with respect to perpendicular ones which is explained by a novel nucleation model proposed lateron in this work. Furthermore, the decomposition of GaN NWs is observed with a detailed investigation of the morphology of the NWs and the Ga desorption during growth. To find a suitable growth window for the SAG it is worth to point out that the difference in the incubation time is the key process to obtain SAG. Therefore, the nucleation on the mask (Si) and the substrate (AlN) is investigated with a new approach. Here, the growth starts at temperatures above the nucleation point and is reduced stepwise until nucleation occurs. With the repetition of this method for different Ga-fluxes on both, Si and AlN, a growth window for the SAG can be defined. The influence of the substrate temperature, growth time, Ga- and N-flux on the SAG is investigated by a separate variation for each single parameter within this growth window. An optimal set of growth parameters with respect to a homogeneous NW morphology is obtained in the center of the previously defined growth window. These growth conditions were used to analyze the mechanisms present during growth in more detail. The first focus lies on the nucleation phase. The comparison of the growth on substrates with different types of the mask, mask materials and substrate materials reveals a novel nucleation mechanism. An asymmetric nucleation in the holes of the mask is observed for the majority of the substrates and could be attributed to the direction of the Ga-cell. The model propose accordingly to this observation that the incoming Ga-flux is blocked on the sidewall of the holes and increases locally the Ga adatom density. As a consequence, an asymmetric deposition in the holes occurs which is additionally corroborated by nucleation studies on samples with a short growth time.

The diffusion of Ga-atoms on the substrate and the NW is investigated in the final part of the thesis. Here, the variation of the NW period influences the amount of material diffusing from the substrate to the NW. The collection of Ga-atoms from the substrate is limited by the diffusion length for large periods while the period is the limiting factor for short distances due to the competition between close NWs. Both, the diffusion length and the period influence the collection of Ga-atoms from the substrate in the intermediary regime. A descriptive model of the three cases concerning the final volume of the NWs is proposed and the fit to experimental data reveals a diffusion length of 400 nm. In the end, the limitations of the axial growth is explained by the diffusion length of Ga atoms on the NW sidewall. A diffusion length of approximately 500 nm is obtained out of growth series with variating growth times.

Keywords: GaN, InN, selective area growth, doping, MBE

Zusammenfassung

Diese Arbeit behandelt die Optimierung des Wachstums von III-Nitrid-Nanodrähten. Der Schwerpunkt liegt dabei auf dem Einfluss der Mg- und Si-Dotierung auf das Wachstum von InN-Nanodrähten sowie die Etablierung, Anwendung und Analyse des selektiven Wachstums von GaN-Nanodrähten auf Si-Substraten. Das Ziel der Arbeit ist dabei die Herstellung von Nanodrähten mit homogenen Durchmessern und Längen, die für die Realisierung von kontrollierbaren Bauteilen unerlässlich ist. Zusätzlich sind die auftretenden Prozesse während des Wachstums noch nicht tiefgehend verstanden und können insbesondere durch das selektive Wachstum genauer untersucht werden. Sowohl die Dotierung der InN-Nanodrähte, als auch das selektive Wachstum von GaN-Nanodrähten mit Durchmessern unter 100 nm sind dabei zum Zeitpunkt dieser Arbeit weltweit einzigartig.

Nach der Einleitung wird zunächst die Si- und Mg-Dotierung von InN-Nanodrähten untersucht. Dazu werden die einzelnen Wachstumsparameter variiert und deren Einfluss untersucht. Insbesondere für die Si-Dotierung kann dabei eine nicht lineare Abhängigkeit der Morphologie der Nanodrähte mit der Substrattemperatur, dem In- und Si-Fluss beobachtet werden, sowie eine Erweiterung der Wachstumstemperatur zu Werten oberhalb des Einsetzens der Dekomposition bei gleichzeitig verbesserter Homogenität der Länge und des Durchmessers der Nanodrähte. Für die Mg-Dotierung von InN-Nanodrähten wird kein Einfluss auf die Morphologie beobachtet. Durch aufwändige optische und elektrische Messungen wird jedoch ein Hinweis auf das erfolgreiche Einbringen der Mg-Atome als Akzeptoren beobachtet, was für InN aufgrund seiner sehr schwierigen Herstellbarkeit und der hohen Hintergrunddotierung bemerkenswert ist.

Einen völlig anderen Weg als die Dotierung geht das selektive Wachstum. Während bei der Dotierung die Stabilität des Kristalls sowie Änderungen in den Wachstumsprozessen eine Verbesserung der Morphologie hervorrufen kann, wird beim selektiven Wachstum die Position und der Durchmesser der Nanodrähte vordefiniert. Da insbesondere Abschattungseffekte sowie unterschiedliche Nukleationszeiten zu Inhomogenitäten in den Abmessungen der Nanodrähte führen, sind durch das selektive Wachstum deutliche Verbesserungen zu erwarten und werden auch beobachtet. Die Schwierigkeit liegt hierbei in der Etablierung eines Systems, bei dem das Wachstum an den Selektionspunkten stattfindet, während es auf den umgebenden Gebieten komplett unterdrückt werden muss. Aufgrund dieser Schwierigkeit ist trotz jahrelanger Forschung durch andere Gruppen zu Beginn dieser Arbeit noch kein selektives Wachstum auf Si-Substraten mit kontrollierten Nanodrahtabmessungen vorhanden gewesen, sodass die aus der Literatur bekannten Ansätze zum selektiven Wachstum auf anderen Substraten oder von anderen Materialien auf das selektive Wachstum der III-Nitride auf Si angepasst werden mussten.

Anschließend wird nach einer Voruntersuchung zu den möglichen Wachstumsparametern für das selektive Wachstum anhand von nicht-selektivem Wachstum, sowie einer Untersuchung zur Dekomposition von GaN-Nanodrähten, die jeweils ein Alleinstellungsmerkmal in der Literatur aufweisen, der Einfluss der Wachstumsparameter auf das selektive Wachstum untersucht. Anhand von optimierten Wachstumsparametern beginnt anschließend die tiefgehende Untersuchung der Wachstumsmechanismen während des selektiven Wachstums. Ein Schwerpunkt dieser Untersuchungen wird auf die Nukleation gesetzt, bei der anhand von Variationen des Substratdesigns (Maskentyp, -material sowie Substratmaterial) und direkten Analysen für kurze Wachstumszeiten ein neuartiges Nukleationsmodell vorgeschlagen wird. Ein zweiter Schwerpunkt wird auf die Diffusion von Ga-Atomen gesetzt. Auch hier wird ein neues Modell zur Diffusion auf dem Substrat und den Seitenfacetten vorgeschlagen und durch experimentelle Daten untermauert.

Stichworte: GaN, InN, Selektives Wachstum, Dotierung, MBE

Abkürzungen

Al	Aluminium
BEP	Strahldruckäquivalent (beam equivalent pressure)
EL	Elektronenstrahllithographie
FWHM	Halbwertsbreite (full width at half maximum)
FZJ	Forschungszentrum Jülich GmbH
Ga	Gallium
In	Indium
LD	Laserdiode
LED	Leuchtdiode (light emitting diode)
LoS-QMS	Sichtlinienmassenspektrometer (line-of-sight quadrupole mass spectrometre)
N	Stickstoff (nitrogen)
ND	Nanodraht
MBE	Molekularstrahlepitaxie (molecular beam epitaxy)
PAMBE	Plasmaunterstützte MBE (plasma-assisted MBE)
PL	Photolumineszenz
PDI	Paul-Drude-Institut
RF	Radiofrequenz
RHEED	Hochenergetische Elektronenbeugung in Reflektion (reflection high-energy electron diffraction)
SAG	Selektives Wachstum (selective area growth)
SEM	Rasterelektronenmikroskop (scanning electron microscope)
Si	Silizium
SiO_x	Siliziumoxid
SIMS	Sekundärionenmassenspektrometer
Si_xN_y	Siliziumnitrid
TEM	Transmissionselektronenmikroskop
UHV	Ultrahochvakuum
XRD	Röntgendiffraktometrie (x-ray diffraction)

Inhaltsverzeichnis

1 Einleitung   **1**
    1.1   III-Nitride als Halbleiter der Zukunft   1
    1.2   Die Vorteile von Nanodrähten   3
    1.3   Von den Grundlagen zum Bauteil   4
    1.4   Aufbau der Arbeit   4

2 Grundlagen zur MBE und Charakterisierung von Nanosäulen   **7**
    2.1   Die Molekularstrahlepitaxie-Anlage   7
        2.1.1   Aufbau der Anlage   7
        2.1.2   Standartisierte Methoden während des Wachstums   9
    2.2   *in situ* Analyseverfahren 10
        2.2.1   LoS-QMS-Analyse 10
    2.3   *ex situ* Analyseverfahren 11
        2.3.1   Elektronenmikroskopie 11
        2.3.2   Analyse mittels Photonen 12
        2.3.3   Transportmessungen 13
    2.4   Wachstum von GaN- und InN-Nanodrähten 13
        2.4.1   Die Wachstumsmechanismen 14
        2.4.2   Unterschiede des Wachstums von InN-Nanodrähten im Vergleich zu GaN-Nanodrähten 23

3 Dotierung von Nanodrähten   **25**
    3.1   Dotierung von GaN Nanodrähten 27
    3.2   Si-Dotierung von InN Nanodrähten 27
        3.2.1   Einfluss der Wachstumsparameter auf die Morphologie 27
        3.2.2   Untersuchung des ungewollten Schichtwachstum 31
        3.2.3   Nachweis der Si-Dotierung 34
        3.2.4   Zusammenfassung und Diskussion 37
    3.3   Mg-Dotierung von InN Nanodrähten 39
        3.3.1   Einfluss der Wachstumsparameter auf die Morphologie 40
        3.3.2   Nachweis der Mg-Dotierung 41
        3.3.3   Zusammenfassung und Diskussion 44

4 Vorbereitung und Optimierung des selektiven Wachstum von Nanodrähten   **45**
    4.1   Die Idee des selektiven Wachstums 45
    4.2   Literaturdiskussion 46
    4.3   Präparation der Substrate für das selektive Wachstum 47
        4.3.1   Deposition der Pufferschicht und des Maskenmaterials 48
        4.3.2   Strukturierung der Maske 49
    4.4   Nicht-selektive Voruntersuchung bei hohen Substrattemperaturen 50
        4.4.1   Einfluss der Wachstumsparameter auf die Nukleation 51

Inhaltsverzeichnis

	4.4.2	LoS-QMS-Analyse zur Ga-Desorption	53
	4.4.3	Eingrenzung der Wachstumsparameter für das selektive Wachstum	61
4.5		Einfluss der Wachstumsparameter auf die Morphologie	63
4.6		Einfluss der Maskenparameter auf das Wachstum	66
4.7		Wachstum unter optimalen Bedingungen	69
4.8		Zusammenfassung	69

5 Analyse der Wachstumsmechanismen während des selektiven Wachstums   73

	5.1	Analyse der Nukleation von selektiv gewachsenen GaN-Nanodrähten	73
	5.1.1	Analyse des fundamentalen Mechanismus zur selektiven Nukleation	73
	5.1.2	Einfluss der verschiedenen AlN-Pufferschichten auf die Nukleation	78
	5.1.3	Nukleationsstudien an selektiv gewachsenen Drähten	81
5.2		Analyse der Diffusion von Ga-Adatomen	88
	5.2.1	Einfluss der Diffusion vom Substrat zum Nanodraht	88
	5.2.2	Analyse der Diffusion an den Seitenfacetten	96

6 Zusammenfassung und Ausblick   107

6.1	Zusammenfassung	107
6.2	Ausblick	111

Anhang A: Kalibrierung der Wachstumsparameter   115

1 Einleitung

Licht ist eines der Grundbedürfnisse des Menschen. Vor zirka 800.000 Jahren gelang es dem Menschen erstmals, Feuer zu kontrollieren [1] und es damit, neben der Zubereitung von Essen, als Wärme- und Lichtquelle zu nutzen. Während das Feuer Jahrtausende lang die einzige künstliche Lichtquelle darstellte, wurde durch die Entwicklung der Elektrizität im 19. Jahrhundert die bis dahin zur Lichterzeugung genutzten fossilen Energieträger, wie Holz, Öl und Gas, nach und nach durch Glühlampen abgelöst, die bis in die heutige Zeit noch genutzt werden.

Durch die Entkopplung von Wärme- und Lichtproduktion rückte jedoch die Lichtausbeute der Leuchtmittel immer stärker in den Vordergrund, die bei der Glühlampe (Prinzip der Glühemission) auf Werte unterhalb von 10% begrenzt ist. Eine ca. dreimal höhere Leuchteffizienz als die Glühbirne hat die Leuchtstoffröhre, die auf dem Prinzip der Gasemission beruht und deren industrielle Produktion als Raumbeleuchtung in der Mitte des 20ten Jahrhunderts begonnen hat [2]. Durch die niedrige Farbwiedergabe der Leuchtstoffröhren ($R_a \approx 50-90$) im Vergleich zur Glühlampe ($R_a \approx 100$) konnte die Leuchtstoffröhre sich im Wohnbereich nur schwer durchsetzen und wird erst seit dem Verbot der Glühlampe mehr und mehr auch dort genutzt.

Im Vergleich zur Glühlampe und Leuchtstoffröhre, wo die Lichterzeugung durch indirekte Mechanismen stattfindet, wird bei der Leuchtdiode (englisch: light emitting diode (LED)) der Strom durch Rekombination der Ladungsträger direkt in Licht umgewandelt und kann somit theoretisch Konversionseffizienzen von bis zu 100% erreichen.

Die Elektrolumineszenz, die der grundlegende Mechanismus der LED ist, wurde bereits 1907 entdeckt [3]. Es dauerte jedoch noch bis 1962, bis die erste kommerzielle, rote LED aus GaAsP realisiert werden konnte [4]. Neben der Entwicklung einer grünen LED durch Dotierung von GaP mit N wurde 1971 das erstemal GaN benutzt um blaues Licht zu erzeugen. Es sollten 24 weitere Jahre vergehen, bis die erste LED mit Emissionen im Blauen und Grünen und einer Effizienz von über 10% realisiert werden konnte [5]. Heutzutage sind LEDs bereits weit verbreitet, wie z.B. in Ampeln, Monitoren und Anzeigen, KFZ-Beleuchtungen, DVD- und blue-ray-Player, usw. Es konnte jedoch bisher noch keine ausreichende Effizienz erreicht werden, um mit Fluoreszenzlampen preislich zu konkurrieren, und damit einen signifikanten Anteil an dem riesigen Markt der Raumbeleuchtung zu gewinnen [6].

1.1 III-Nitride als Halbleiter der Zukunft

Eines der vielversprechendsten Materialsysteme für den optoelektronischen Markt sind die Gruppe III-Nitride, die sich aus den Halbleitern InN, GaN und AlN zusammensetzen. Während die Bandlücken von AlN und GaN im ultravioletten Bereich angesiedelt sind, besitzt InN eine Bandlücke im Infraroten [7]. Um eine Variation der fundamentalen Bandlücke der einzelnen Halbleiter zu erreichen, und damit eine Emissionswellenlänge im Sichtbaren zu erhalten, ist eine Zusammensetzung von mehreren Halbleitern notwendig [8]. Eine ternäre, bzw. quartiäre Komposition, das heißt die Zusammensetzung aus drei

1 Einleitung

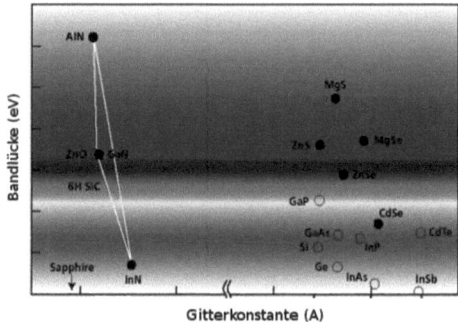

Abbildung 1.1: Darstellung der Bandlücke über der Gitterkonstante des jeweiligen Materials [10]. Der Hintergrund spiegelt die zugehörige Farbe wieder.

oder vier verschiedenen Elementen, ist in Form eines kristallinen Materials nur möglich, wenn die Gitterkonstante der einzelnen Materialien sich nicht zu stark unterscheidet [9]. In Abb. 1.1 ist die Bandlücke in Abhängigkeit von der Gitterkonstante für unterschiedliche Halbleiter dargestellt. Während andere Materialsysteme, wie z.B. die Arsenide oder die Selenide nur einen begrenzten Bereich des sichtbaren Spektrums abdecken können, oder zu große Unterschiede in der Gitterkonstante aufweisen, lässt sich für die Gruppe III-Nitride der komplette Spektralbereich vom Infraroten bis zum fernen Ultravioletten theoretisch abdecken [7]. Damit sind die Gruppe III-Nitride eines der wichtigsten Materialsysteme für den riesigen Markt der Beleuchtung.

Eine Beschränkung auf dieses Alleinstellungsmerkmal würde aber die Bandbreite der Vorzüge der Gruppe III-Nitride nicht wiederspiegeln. Neben der Variabilität der Bandlücke ist ein weiterer Vorteil die Temperaturbeständigkeit von GaN und AlN, bei denen eine Dekomposition, das heißt eine Zersetzung des Kristalls, erst bei Temperaturen oberhalb von ca. 700 °C (Aktivierungsenergie von 3.1 eV) [11] respektive 1500 °C (Aktivierungsenergie von 5.4 eV)[12] signifikant einsetzt. Damit sind GaN und AlN für Anwendungen bei hohen Temperaturen, als auch bei hohen Leistungen prädistiniert. Neben der Nutzbarkeit für die Beleuchtungsindustrie ermöglichen die internen, piezo-elektrischen Feldern in Verbindung mit einer hohen Ladungsträgerbeweglichkeit, insbesondere in InN [13, 14], eine Anwendung als Feldeffekttransistor. Durch die piezo-elektrischen Felder entstehen an den Ober- und Grenzflächen zweidimensionale Elektronengase, die als Kanal für einen Feldeffekttransistor genutzt werden können, ohne das eine aufwendige Dotierung notwendig ist. GaN weist eine theoretische leicht niedrigere Ladungsträgerbeweglichkeit auf [15], ist aber auf Grund der hohen Temperaturbeständigkeit für Hochleistungsanwendungen geeignet [16].

Eine weitere Besonderheit der III-Nitride sind ihre elektronische Eigenschaften an der Oberfläche. Durch die Störung der Periodizität des Kristalls entstehen Oberflächenzustände, die zu einem Fermi-Level-Pinning an der Oberfläche führen [17]. Dadurch kommt es in InN zu einer Anreicherungsschicht von Elektronen [18], während bei GaN eine Verarmungszone an der Oberfläche entsteht [19]. Da im Inneren des Halbleiters weiterhin die intrinsische Ladungsträgerdichte vorliegt, führt die Oberflächenschicht zu starken elektrischen Feldern, sodass an der Oberfläche erzeugte Ladungsträger effektiv in das Innere des

Materials transportiert und detektiert werden können. Dadurch eignet sich sowohl InN [20], als auch GaN [21] für die Sensorik.

1.2 Die Vorteile von Nanodrähten

Unter Nanodrähten versteht man Kristalle mit hohem Aspektverhältnis (ähnlich wie ein Draht oder eine Säule), die einen Durchmesser im nm-Bereich besitzen [22]. Durch diese geringe räumliche Dimension ergeben sich Vorteile im Vergleich zu ausgedehnten Schichten. Einer dieser Vorteil ist die Flexibilität des Kristallgitters durch Relaxation zu den Seiten, wodurch sich Verspannungen, die in Schichten zu ausgedehnten Defekten führen, relativ schnell elastisch abbauen können. Dadurch lassen sich Materialien mit einem großen Unterschied in der Gitterkonstante heteroepitaktisch aufeinander wachsen, ohne das die für Schichten typischerweise auftretenden Schraubversetzungen eingebaut werden [23]. Stattdessen wird die auftretende Verspannung sowohl plastisch, in Form von Versetzungen an der Grenzschicht, als auch elastisch in Form von Relaxation über die Seitenfacetten des Nanodrahtes abgebaut [24]. Da Defekte für die Anwendung häufig störend sind, lassen sich somit kristallin hochwertigere Materialien herstellen. Des weiteren können in den Nanodraht Materialien mit verschiedenen Gitterkonstanten mit geringerer Verspannung eingebaut werden [25], was ebenfalls für die Anwendung, als auch für das Verständnis von Relaxationsprozessen in Kristallen interessant ist.

Ein weiterer struktureller Vorteil ist die größere Oberfläche der Nanodrähte im Vergleich zu Schichten [26]. Dies ist insbesondere für die Sensorik interessant, da damit ein größerer sensorisch aktiver Bereich pro Fläche herstellbar ist, was die Sensitivität dieser Bauteile weiter erhöht [27]. Auf Grund des Trends zu immer kleineren Bauteilen haben die Nanodrähte zusätzlich den Vorteil, dass sie trotz räumlicher Seperation mit einer hohen Dichte gewachsen werden können. Wird dabei die Position der Nanodrähte kontrolliert, was in dieser Arbeit u. A. untersucht wird, lässt sich jeder Nanodraht theoretisch individuell kontaktieren, sodass auf kleinstem Raum eine hohe Anzahl von Bauteilen hergestellt werden können.

Erst kürzlich konnte für GaN Nanodrähte nachgewiesen werden, dass sich mit zunehmender Oberfläche die Ein- und Auskopplung von Licht signifikant erhöht, was die Effizienz von LEDs und Laserdioden (LDs) weiter erhöht [28]. Eine Besonderheit von Nitriden sind die piezo-elektrischen Felder, die sich an Heterogrenzflächen ausbilden können. Diese Felder führen zu einer räumlichen Separation von Elektronen und Löchern in Leitungs- und Valenzband, und damit zu einer Verringerung der Rekombinationswahrscheinlichkeit [29]. Die piezo-elektrischen Felder sind jedoch richtungsabhängig und treten am stärksten in der c-Richtung des Kristalls auf (polare Richtung), während in a- und m-Richtung kein Feld auftritt (nicht polar). Trotz intensiver Forschung ist bisher das kontrollierte Wachstum von GaN oder InGaN in a- [30] und m-Richtung [31] schwierig, während bei Nanodrähten die Seitenfacetten m-Ebenen ausbilden und somit ohne Aufwand nicht-polare Oberflächen verfügbar sind. Wird eine LED anstatt in axialer Richtung in lateraler Richtung realisiert, treten in der aktiven Zone keine Felder mehr auf, wodurch die Leuchteffizienz erhöht wird [31, 32]. Im Gegensatz zu Arseniden werden in Nitrid-Nanodrähte auf Grund des Durchmessers keine optischen Quanteneffekte beobachtet, da der Bohrradius der Exzitonen im Bereich von wenigen nm liegt, während der minimale Durchmesser von Nanodrähten durch den Nukleationsradius von 10 nm limitiert ist und somit eine Größenordnung über dem Wert liegt, ab dem Effekte zu erwarten wären.

1 Einleitung

1.3 Von den Grundlagen zum Bauteil

Die in den vorigen beiden Abschnitten diskutierten Vorteile sind theoretisch möglich, es gibt jedoch gewisse Hürden zu überwinden. Allgemein ist das Wachstum der Nitrid-Nanodrähte noch nicht vollständig verstanden, was eine Umsetzung von idealen Designideen in reale Bauteile erschwert. Desweiteren ist die elektronische Struktur von Nitrid-Nanodrähten noch nicht vollständig verstanden, insbesondere der Einfluss der Oberflächenschichten und ihren Einfluss auf die optoelektronischen Eigenschaften ist Gegenstand aktueller Untersuchungen.

Im Hinblick auf die Realisierung von Nanodrahtbauelementen sind ebenfalls gewisse Ziele zu erreichen. Die Kontrolle der Nanodrahtoberfläche ist besonders wichtig, da auf Grund des großen Verhältnisses von Oberfläche-zu-Volumen diese einen signifikanten Einfluss auf die Eigenschaften des Nanodrahtes haben kann. Zum Einen können durch freie Oberflächenzustände Ladungsträger in den Nanodraht injiziert werden, die zu einem Fermi-Level-Pinning führen, welches Einfluss auf die optoelektronischen Eigenschaften hat. Zum Anderen können durch die gezielte Aktivierung der Nanodrahtoberfläche gegenüber bestimmten Partikeln Sensoren mit einer besonders hohen Oberfläche realisiert werden.

Neben der Oberfläche ist der Nanodrahtdurchmesser eminent wichtig. Da mit einem zunehmenden Durchmesser die internen, elektrischen Felder abnehmen, wird sich die Sensitivität der Detektion und somit evtl. das Messignal ändern. Im Hinblick auf optische Bauelemente, wie LEDs und LDs, hat der Durchmesser ebenfalls einen Einfluss. Während bei bereits am Markt erhältlichen, auf Schichtsystemen basierenden, grünen LEDs der Einbau von In in die InGaN Quantengräben über einen gewissen Bereich durch die angebotenen Flüsse kontrolliert werden kann, kann bei Nanodrähten auf Grund des diffusionsinduziertem Wachstum die Stöchiometrie an der Wachstumsfront in c-Richtung sich von der Stöchiometrie der angebotenen Flüsse unterscheiden. Desweiteren können bei Nanodrähten, wie bereits im vorigen Abschnitt diskutiert, eingebaute Verspannungen über die Seitenfacetten relaxieren. Da die Verspannung Auswirkung auf die Stöchiometrie von In und Ga in der aktiven Zone, und damit die emittierende Farbe des Bauteils, hat, kann der Durchmesser Einfluss auf die letztendliche Farbe der NanoLED haben.

Neben dem Durchmesser der Nanodrähte ist zusätzlich eine Kontrolle der Position unabdingbar, um den Vorteil der geringen Dimension der Nanodrähte für Bauteile zu nutzen. Nur über die Positionskontrolle lassen sich gezielt einzelne Nanodrähte adressieren, sodass ortsaufgelöste Sensorik, z. B. für Strömungsprofile eines Gases im sub-μm-Bereich, als auch extrem hochaufgelöste Displays (> 20000 dpi), bei denen jedes Pixel aus nur einem Nanodraht besteht, realisiert werden können. Zusätzlich wirkt sich der Abstand auf den Durchmesser und die Länge von benachbarten Nanodrähten aus, sodass nur für einen konstanten Abstand eine homogene Morphologie der Nanodrähte erreichbar ist. In Zusammenfassung ist für die Realisierung von Nanodrahtbauelemente die Kontrolle des Abstandes und der Größe unabdingbar.

1.4 Aufbau der Arbeit

In der vorliegenden Arbeit wird nach dieser Einführung die theoretische Grundlage zu den verwendeten Herstellungs- und Analysemethoden (Kapitel 2) gegeben. Dabei werden sowohl die Epitaxie-Anlage, als auch die *ex situ* und *in situ*-Analysemethoden kurz beschrieben, bevor eine Übersicht über die wichtigsten Wachstumsmechanismen dargestellt wird. In Kapitel 3 wird der Einfluss der Si- und Mg-Dotierung auf die optoelektronischen

1.4 Aufbau der Arbeit

Eigenschaften, sowie, im Einklang mit dem Grundgedanken der Optimierung vom Nanodrahtwachstum, auf die Morphologie untersucht.

Der Kernteil dieser Arbeit beginnt in Kapitel 4 mit der Vorbereitung und Optimierung des selektiven Wachstums von GaN Nanodrähten. Dabei wird zunächst die Beschreibung der Grundidee des selektiven Wachstums sowie einer Diskussion der in der Literatur publizierten Arbeiten zu diesem Thema gegeben. Anschließend wird nach der Beschreibung der Prozessierung der Substrate zunächst das nicht-selektive Wachstum für GaN Nanodrähten bei hohen Wachstumstemperaturen untersucht. Im Rahmen von Nukleationsstudien werden dazu zunächst allgemeine Rückschlüsse auf die Nukleation gezogen, bevor das Wachstumsfenster für das selektive Wachstum eingegrenzt wird. In den folgenden beiden Abschnitten wird auf den Einfluss der Wachstums- und Maskenparameter auf die Morphologie der GaN Nanodrähte eingegangen und daraus die optimalen Parameter für das selektive Wachstum abgeleitet.

In dem folgenden Kapitel 5 werden die Wachstumsprozesse näher beleuchtet und analysiert. Dazu wird über die Analyse des Wachstums auf unterschiedlichen Substraten der Frage nachgegangen, welcher Mechanismus den Ort des Wachstums definiert und daraus ein grundlegender Prozess zur Nukleation abgeleitet, der auch für das nicht-selektive Wachstum Bedeutung hat. Dieser wird anschließend an Hand von Nukleationsstudien an selektiv gewachsenen GaN-Nanodrähten verifiziert. Zuvor wird noch der Einfluss der AlN-Pufferschicht auf die Nukleation untersucht.

Neben der Nukleation spielt die Diffusion von Ga-Adatomen eine wichtige Rolle während des Wachstums von GaN-Nanodrähten, die durch die klar definierte Geometrie des selektiven Wachstums besser entschlüsselt und sogar zwischen der Diffusion auf dem Substrat und den Seitenfacetten der Nanodrähte unterschieden werden kann. Daher wird im letzten Teil der Arbeit die Diffusion auf dem Substrat und den Seitenfacetten getrennt untersucht, bevor abschließend eine Zusammenfassung der Arbeit mit einem Ausblick auf die zukünftigen Fragestellungen und Herausforderungen die Arbeit abrundet.

2 Grundlagen zur Molekularstrahlepitaxie von Nanosäulen und deren Charakterisierung

In diesem Kapitel werden die für diese Arbeit relevanten Informationen zu dem Herstellungsverfahren und der Charakterisierung der III-Nitrid-Nanodrähte kurz erläutert und auf Besonderheiten hingewiesen. Dazu wird zunächst in Abschnitt 2.1 die benutzten MBE-Anlagen beschrieben, bevor in den Abschnitten 2.2 und 2.3 die *in situ*- und *ex situ*-Methoden kurz angerissen werden. Eine tiefergehende, umfassende Beschreibung würde den Rahmen dieser Arbeit sprengen und keine bessere Beschreibung liefern, als sie bereits in den vielen, exzellenten Lehrbüchern und Veröffentlichungen vorhanden ist. Einige Empfehlungen zu den einzelnen Methoden sind im Folgenden gegeben: Molekularstrahlepitaxie (MBE) [33, 34], Sichtlinien-Quadropolmassenspektrometrie (LoS-QMS) [35, 36], Rasterelektronenmikroskopie (SEM) [37], Transmissionselektronmikroskopie (TEM) [38], Photolumineszenz-Messung (PL) [39], Raman-Analyse [40], Röntgendiffraktometrie (XRD) [41], elektrische Transportmessungen [42]. Im letzten Abschnitt 2.4 werden die notwendigen Grundlagen zu den Wachstumsmechanismen der InN- und GaN-Nanodrähte ausführlich diskutiert.

2.1 Die Molekularstrahlepitaxie-Anlage

Die in dieser Arbeite verwendete Molekularstrahlepitaxie, im Englischen Molecular Beam Epitaxy (MBE), ist ein Verfahren zur Herstellung von hochreinen Materialien, bei dem ein Substrat mittels eines gerichteten Gasflusses von Atomen oder Molekülen bedampft wird. Im Folgenden wird kurz auf den Aufbau, sowie ständig wiederkehrende Abläufe eingegangen. Eine detaillierte Beschreibung der Vorgänge während des Wachstums, die für das Verständnis der Arbeit wichtig ist, wird im letzten Abschnitt dieses Kapitels (2.4.1) detailliert beschrieben.

2.1.1 Aufbau der Anlage

In dieser Arbeit wurden zwei verschiedene MBE-Anlagen verwendet, eine kundenspezifisch angefertigte Anlage von der Firma Createc am Paul-Drude-Institut in Berlin und eine VG80M von der Firma VG am FZ-Jülich. Zunächst wird die Anlage am PDI beschrieben und anschließend die geringfügigen Unterschiede der Anlage in Jülich aufgezeigt.

Eine Fotografie der Anlage mit einer schematischen Zeichnung ist in 2.1 dargestellt. Die Anlage besteht aus drei Kammern, der Ladekammer (3), der Mittelkammer (2) die zur Lagerung von bis zu vier Substraten genutzt werden kann, sowie der Wachstumskammer (1), in der das Wachstum stattfindet. Zum Einschleusen eines Substrates werden bei geschlossener Transferschleuse (12) die Pumpen (15) abgestellt und Stickstoff eingeleitet, um die Kammer auf Umgebungsdruck zu bringen. Anschließend werden über die Ladeluke (14) bis zu vier Substrate eingeschleust und die Luke wieder verschlossen. Mit

2 Grundlagen zur MBE und Charakterisierung von Nanosäulen

(a) Fotografie.

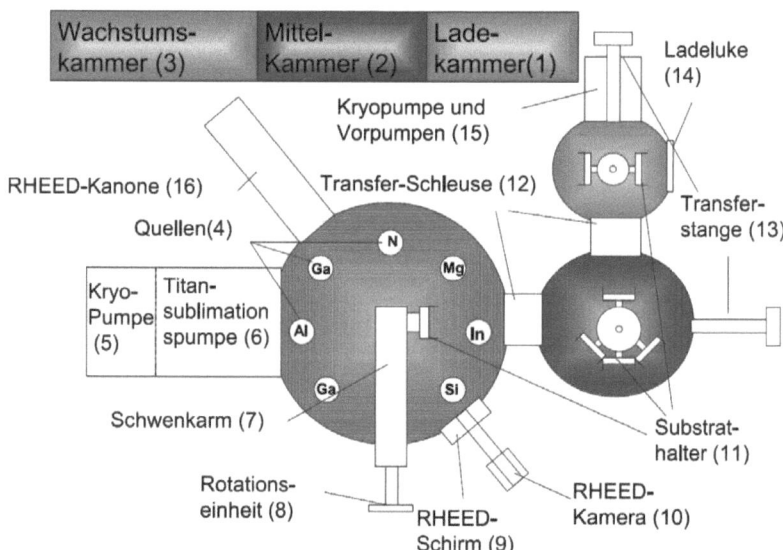

(b) Schematische Darstellung.

Abbildung 2.1: Beschreibung der MBE-Anlage (M8) am Paul Drude Institut Berlin.

2.1 Die Molekularstrahlepitaxie-Anlage

einer Turbomolekular- und einer vorgeschalteten Membranpumpe (15) wird der Stickstoff bis zu einem Druck von $1 \cdot 10^{-5}$ mbar abgepumpt, bevor diese Pumpen über ein Ventil von der Kammer getrennt und eine Kryopumpe (15), die einen Enddruck in der Kammer von bis zu $5 \cdot 10^{-9}$ mbar erreichen kann, angeschlossen wird. Anschließend werden über eine Infrarotheizung die Substrate auf ca. 300 °C für 30 min geheizt, um das durch die Luftfeuchtigkeit an der Substratoberfläche kondensierte Wasser zu verdampfen und abzupumpen. Nach dem Einschleuseprozess können die Substrate über die Mittelkammer (2) in die Wachstumskammer (1) mit Hilfe von Transferstangen (13) transportiert werden.

Dieser Aufwand ist notwendig, da eine hohe Reinheit während des Wachstumsprozesses vorherrschen soll. Desweiteren muss die freie Weglänge der Atome so hoch sein, dass sie den Weg von der Zelle bis zum Substrat ohne Stöße passieren und dort eingebaut werden können. Ab einem Hintergrunddruck von 10^{-7} mbar spricht man von Ultrahochvakuum, die Atome haben eine freie Weglänge von 1000 m. Da der Abstand zwischen Zelle und Substrat bei der hier benutzten Anlage ca. 0,3 m beträgt, wäre die freie Weglänge mehr als ausreichend bei diesem Druck. Auch während des Nanodraht Wachstums, wo durch den hohen N-Fluss ein Hintergrunddruck von 10^{-5} mbar herrscht, ist die freie Weglänge von 10 m weiterhin ausreichend. Ein weiterer wichtiger Aspekt ist die Reinheit der Substratoberfläche. Da bereits wenige Promille an Fremdatomen die Halbleitereigenschaften stark beeinflussen, muss der Hintergrunddruck niedriger als 10^{-9} mbar sein, um eine Kontamination der Oberfläche zu verhindern.

An der Wachstumskammer befinden sich acht Quellen (4): Ga und Stickstoff in zweifacher, In, Al, Mg, Si in einfacher Anzahl. Zusätzlich befindet sich noch ein LoS-QMS, ein Infrarot-Pyrometer so wie ein RHEED-System (9,10,16) zur in situ Charakterisierung an der Anlage. In der Mitte der Kammer befindet sich der beheizbare Manipulator (7,8), auf dem das Substrat befestigt und über einen Schwenkarm (7) mit der Oberfläche nach unten ausgerichtet ist. Die Zellen und das LoS-QMS sind an dem unteren Boden der Kammer ringförmig angeordnet, das Pyrometer befindet sich im Zentrum des Kammerbodens direkt unterhalb des Substrates. Das RHEED-System, sowie der Manipulator sind an den Seitenwänden knapp unterhalb des Substrates montiert. Die Zellen, die Substratrotation und -heizung sowie das Pyrometer werden durch einen separaten Computer gesteuert.

Die MBE am FZ Jülich Bestand ebenfalls aus drei Kammern, hatte jedoch statt einer Ladekammer eine *in situ* Rastertunnelmikroskop-Kammer, die in dieser Arbeit nicht eingesetzt wurde. Die Proben wurden über eine kleine, abpumpbare Schleuse in die Mittelkammer eingebracht. Desweiteren gab es weder ein RHEED, noch ein LoS-QMS. Eine detaillierte Beschreibung der Anlage ist in [43] zu finden.

2.1.2 Standartisierte Methoden während des Wachstums

Neben dem im vorigen Abschnitt beschriebenen Ausheizprozess in der Ladekammer wird in der Wachstumskammer für nicht-selektives Wachstum eine Ga-Politur durchgeführt, um natives Oxid von der Si-Oberfläche der hier benutzten Si(111)-Substrate zu entfernen. Dazu wird das Substrat zunächst auf 590 °C hochgeheizt und 40 ML Ga deponiert. Anschließend wird das Substrat bis auf ca. 800 °C weiter geheizt. Während dieser Hochheizphase beginnt durch das Verdampfen des Ga sich Sauerstoff aus dem nativen SiO_x zu lösen und verdampft mit dem Ga, sodass eine saubere Si-Oberfläche zurückbleibt. Die zugehörige Reaktionsformel sieht folgendermaßen aus:

$$2Ga + SiO_2 \rightarrow 2GaO + Si \tag{2.1}$$

2 Grundlagen zur MBE und Charakterisierung von Nanosäulen

Da bei vorstrukturierten Substraten eine Ga-Politur evtl. die in die Maske geätzen Löcher vergrößern könnte, bevor das Nanodrahtwachstum beginnt, wurden diese Proben nur auf die Wachstumstemperatur hochgeheizt.

Am FZ Jülich wurde statt einer Ga-Politur ein Ausheizschritt benutzt. Dabei wurde das Substrat auf 900 °C für 30 min ausgeheizt, um ebenfalls natives SiO_x zu verdampfen.

2.2 *in situ* Analyseverfahren

In situ Analysen sind Methoden, die ohne Unterbrechung des Vakuums angewandt werden. Die Methoden, die hier verwendet werden können bereits während der Herstellung der Proben angewandt werden. Dadurch lassen sich einerseits während des gesamten Wachstums Informationen zu den Wachstumsprozessen erhalten, andererseits wird eine Kontamination der Strukturen durch die Exposition an Luft, und damit eine Änderung der Oberfläche, vermieden.

2.2.1 LoS-QMS-Analyse

Auf Grund der hohen Temperaturen können während des Wachstums von GaN Nanodrähten Atome von der Substratoberfläche desorbieren. Diese Atome haben auf Grund des niedrigen Hintergrunddrucks (ca. 10^{-5} mbar) eine mittlere Weglänge (ca. 10 m), die größer ist als die Abmaße der MBE-Anlage. Dadurch können sie überall in gerader Sichtlinie zum Substrat detektiert werden. Eine weit verbreitete Messmethode ist das Massenspektrometer, bei dem mit Hilfe eines massenempfindlichen Analysators nicht nur die Menge an Atomen bestimmt wird, sondern zusätzlich noch die Zuordnung zur atomaren Masse gegeben ist. Dabei werden die zu untersuchenden Teilchen durch ein elektrisches Feld geleitet, welches die Atome und Moleküle ionisiert und gleichzeitig ablenkt. Die Ablenkung ist dabei von der durch die Ionisation entstandenen, elektrischen Ladung (e) und der Masse (m) abhängig, sodass über eine Änderung des elektrischen Feldes Teilchen mit einem bestimmtem m/e-Verhältnis detektiert werden können. Damit ist auf Grund der hohen Isotopenreinheit der benutzten Materialien eine Zuordnung zu einem Element in den meisten Fällen möglich und es lässt sich während des Wachstums die exakte Menge an Atomen, die auf der Oberfläche verbleiben, bestimmen. Von den in dieser Arbeit verwendeten Materialien lässt sich Al ($Z = 27$) auf Grund des hohen N-Hintergrunddrucks während des Wachstums nicht detektieren, da N_2 eine Massenzahl von $Z = 28$ besitzt und somit das Al-Signal überlagert.

Zur Bestimmung der aktuell von dem Substrat desorbierenden Menge an Atomen wird die Richtcharakteristik der Desorption genutzt. Während die Atome, die bereits mehrfach an den Wänden der MBE oder durch Stöße mit anderen im Restgas vorhanden Atomen eine ungerichtete Bewegung besitzen, bewegen sich Atome direkt nach der Desorption radial vom Substrat weg. Um diese Atome bevorzugt zu detektieren, wird das LoS-QMS in einen Tubus eingelassen, an dem sich an dem zum Substrat weisenden Ende eine Blende (Apertur) befindet, während am anderen Ende das Massenspektrometer befestigt ist (siehe Abb. 2.2). Damit lässt sich der Untergrund auf Werte von 10^{-12} mbar reduzieren, während das Desorptionssignal vom Substrat typischerweise bei 10^{-9} mbar, also drei Größenordnungen darüber, liegt.

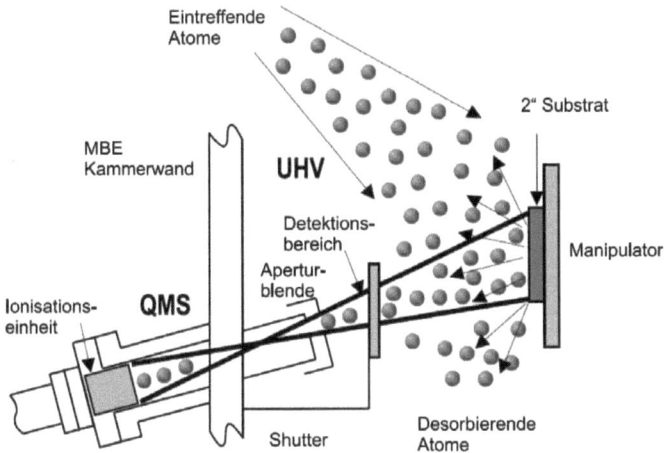

Abbildung 2.2: Schematische Darstellung eines LoS-QMS [44].

2.3 *ex situ* Analyseverfahren

Unter *ex situ* Analysen versteht man die Untersuchung der Proben nach dem Wachstum und dem Ausschleusen aus der MBE-Kammer. Dies hat den Nachteil, dass die Proben an Luft kommen, wodurch die Oberfläche kontaminiert wird und sich verändern kann. Insbesondere für Nanodrähte können sich dadurch die elektronischen Eigenschaften ändern. Ein Vorteil der *ex situ* Analyse ist die größere Anzahl an Messmethoden und der Möglichkeit für tiefergehende Analysen.

2.3.1 Elektronenmikroskopie

Bei der Elektronenmikroskopie werden Elektronen in Form eines Elektronenstrahls auf die Probe fokussiert und anschließend die Elektronen detektiert, die das Probenvolumen wieder verlassen. Damit die Elektronen nicht vorher gestreut werden, muss die Probe sich im Hochvakuum befinden (typischerweise 10^{-6} mbar). Zusätzlich, jedoch nicht in dieser Arbeit enthalten, können auch Photonen während der Bestrahlung erzeugt und detektiert werden (Kathodolumineszenz, Energiedispersive Röntgenanalyse) oder der elektrische Strom, der durch Absorption von Elektronen entsteht (Elektronenstrahl-induzierter Strom) gemessen werden. Prinzipiell unterscheidet man zwischen Transmissions- und Reflektionsmessungen.

Rasterelektronenmikroskopie

Bei der Rasterelektronenmikroskop-Analyse (scanning electron microscope (SEM)) wird ein fokussierter Elektronenstrahl mit typischen Beschleunigungsenergien zwischen 1 – 10 kV und Stromstärken von 1 – 10 mA über die Substratoberfläche gerastert und die Intensität der Elektronen, die die Probe wieder verlassen, in Reflektion detektiert. Da-

2 Grundlagen zur MBE und Charakterisierung von Nanosäulen

bei werden die gemessenen Elektronen bezüglich ihrer Beschleunigungsenergie gefiltert und auf Grund der unterschiedlichen Erzeugung in zwei Bereiche eingeteilt. Im niedrigen Energiebereich überwiegen die Sekundärelektronen. Diese entstehen durch die Ionisierung der äußeren Schale der in der Probe befindlichen Atome. Die dabei freiwerdenden Elektronen können auf Grund ihrer geringen Energie nur aus den oberen Bereichen der Probe diese verlassen, sodass mit dieser Methode eine hohe Oberflächensensitivität erreicht wird. Desweiteren verlassen besonders an Kanten und Stufen der Oberfläche Sekundärelektronen den Kristall, sodass ein hoher topographischer Kontrast vorliegt.

Im Gegensatz dazu besitzen die zurückgestreuten Elektronen höhere Energien, da sie am Potential der Atome elastisch gestreut werden und somit keine Energie verlieren. Da der Rückstreuquerschnitt von der Masse der wechselwirkenden Atome abhängt, erhält man mit dieser Methode einen hohen Materialkontrast. Auf Grund der hohen Energie der Elektronen können auch Elektronen, die in einem tieferen Bereich der Probe rückgestreut werden, die Probe verlassen, sodass ein geringer Topographiekontrast vorliegt.

Transmissionselektronenmikroskopie

Bei der Transmissionselektronenmikroskop (TEM) wird die zu untersuchende Probe durchstrahlt und der gebeugte Elektronenstrahl detektiert. Im Unterschied zur SEM-Analyse, wo nur die Intensität der Elektronen gemessen wird, die die Probe wieder verlassen, wird bei TEM-Untersuchungen zusätzlich die lokale Verteilung des Elektronenstrahls genutzt, um das Bild zu erzeugen. Da Mehrfachstreuung und Absorption das Bild zerstören würden, können nur Proben untersucht werden, die dünner als ca. 100 nm sind. Dadurch ist einerseits eine im Vergleich zu SEM-Untersuchungen aufwendige Probenpräparation notwendig, andererseits lässt sich eine Auflösung im sub-nm-Bereich erzielen. Auf Grund der Wechselwirkung der Elektronen mit der periodischen Kristallstruktur der Probe werden die Elektronen gebeugt und es entsteht ein charakteristisches Beugungsbild, welches über eine weitere Linse in ein Realraumbild transformiert wird.

2.3.2 Analyse mittels Photonen

Ähnlich wie bei der Analyse mit Elektronen wird bei der Analyse mit Photonen ein Laserstrahl (Röntgenstrahl) auf die Probe fokussiert und das Licht, welches das Probenvolumen wieder verlässt, detektiert. In dieser Arbeit wird dabei die Photolumineszenz-, die Raman- und die Röntgenanalyse genutzt.

Photolumineszenzspektroskopie

Bei der Photolumineszenzspektroskopie (PL-Spektroskopie) wird ein Laserstrahl mit einer Photonenenergie, die höher ist als die der Bandlücke des zu untersuchenden Halbleiters, auf die Probe fokussiert. Das eingestrahlte Licht wechselwirkt dabei mit dem Halbleiter uns es werden Elektron-Loch-Paare erzeugt, die in die Bänder oder andere Zustände nahe der Leitungs- und Valenzbandkante relaxieren und von dort aus rekombinieren. Für strahlende Übergänge erhält man dadurch Photonen mit einer für den Halbleiter charaktersitischen Emissionswellenlänge, die über einen Detektor (Photomultiplier oder CCD) mit vorgeschaltetem Monochromator wellenlängenabhängig detektiert werden.

Ramanspektroskopie

Bei der Ramanspektroskopie wird die Probe mit einem intensiven, fokussierten Laserstrahl beleuchtet und anschließend das rückgestreute Licht spektral analysiert. Durch Wechselwirkungen mit den Phononen des Kristalls können die Photonen des Laserstrahls dabei energetisch konstant bleiben (Rayleigh-Streuung), Energie abgeben (Stokes-Streuung) oder aufnehmen (Anti-Stokes-Streuung). Die Energiedifferenz zwischen eingestrahltem und rückgestreutem Licht gibt dann Aufschluss über die phononische Struktur des Kristalls. Da die Phononen an das elektronische System des Halbleiters über Plasmonen, dass heißt Schwingungen des Elektronensystems, koppeln können, sind für bekannte System auch Aussagen über die elektrischen Eigenschaften möglich.

Röntgendiffraktometrie

Für die Untersuchung der kristallinen Struktur wird die Röntgendiffraktometrie gerne benutzt. Bei dieser Methode wird ein Röntgenstrahl mit möglichst schmaler spektraler Halbwertsbreite auf die Probe fokussiert und in Reflektion das gebeugte Signal winkelabhängig detektiert. Dabei führt die Beugung des Röntgenstrahls an den Ebenen des Kristalls zu einem charakteristischen Beugungsbild aus dem die Ausrichtung des Kristalls in alle drei Raumrichtungen, sowie bei heteroepitaktischen Systemen die Unterschiede in der Ausrichtung zwischen den verschiedenen Materialien und die Verspannung gemessen werden kann. Zusätzlich kann für dünne Schichten auf Grund der Beugung an den Grenzflächen zum Vakuum oder anderen Materialien die Schichtdicke bestimmt werden.

2.3.3 Transportmessungen

Die elektrischen Eigenschaften können mittels Transportmessungen bestimmt werden. Bei der klassischen I-V-Messung, die in dieser Arbeit benutzt ist, wird in den Halbleiter über zwei Kontakte Strom injiziert und die Abhängigkeit der Stromstärke von der angelegten Spannung gemessen. Der daraus bestimmte Widerstand kann unter Beachtung der Kontaktwiderstände Rückschlüsse auf die Ladungsträgerdichte im Halbleiter und damit über die Dotierung liefern. Die Deposition der Kontakte im Falle von Nanodrähten ist etwas komplizierter als bei Schichten, da die typischen Nanodrahtabmaße im sub-μm-Bereich eine Elektronenstrahllithographie-Prozessierung (EL-Prozessierung), benötigen. Nach der Kontaktierung können die Proben zunächst an einem Spitzenmessplatz gemessen werden. Anschließend können sie in einem Kryostaten z.B. temperatur- oder magnetfeldabhängig vermessen werden (in dieser Arbeit nicht verwendet).

2.4 Wachstum von GaN- und InN-Nanodrähten

In diesem Kapitel sollen die wichtigsten Mechanismen, die während des Wachstums von GaN- und InN-Nanodrähten auftreten können, diskutiert werden. Im Allgemeinen gelten sie sowohl für das nicht-selektive, als auch für das selektive Wachstum, sowie für InN- und GaN-Nanodrähte. Im nächsten Abschnitt werden am Beispiel der GaN-Nanodrähte die einzelnen Mechanismen im Rahmen einer Literaturdiskussion zum nicht-selektiven Wachstum dargestellt und Lücken bzw. offene Diskussionspunkte aufgezeigt. Durch die hohen Temperaturen, die beim selektiven im Vergleich zum nicht-selektiven Wachstum genutzt werden, können jedoch verschiedene Mechanismen dominieren, deren Analyse in einer tiefergehenden Diskussion zu dem selektiven Wachstum in 4.2 durchgeführt wird.

2 Grundlagen zur MBE und Charakterisierung von Nanosäulen

Unterschiede zwischen InN- und GaN-Nanodrähten werden anschließend im Abschnitt 2.4.2 diskutiert.

2.4.1 Die Wachstumsmechanismen

Der erste Schritt des Wachstums von GaN-Nanodrähten ist die Nukleation (Abschnitt 2.4.1) auf dem Substrat, die zu einem Nanodraht mit einem kleinen Aspekt, das heißt Längen-zu-Durchmesserverhältnis führt. Anschließend wirken mehrere Mechanismen auf das Wachstum der GaN-Nanodrähte. Die Ad- und Desorption (Abschnitt 2.4.1) beschreibt das Eintreffen (Adsorption) und wieder Verlassen (Desorption) der Atome die am Wachstums teilnehmen, während die Diffusion (Abschnitt 2.4.1) die Bewegung auf der Substratbzw. Nanodrahtoberfläche beschreibt. Die Dekomposition 2.4.1 ist der umgekehrte Prozess zum Wachstum, bei dem sich der Kristall wieder zersetzt. Die Polarität ist zwar eine Eigenschaft der Anordnung der Atomebenen der Nanodrähte und somit kein Wachstumsmechanismus, sie kann jedoch Einfluss auf die Wachstumsmechanismen haben (Abschnitt 2.4.1). Die Koaleszenz (Abschnitt 2.4.1) tritt bei zwei benachbarten oder bei Gruppierungen von Nanodrähten auf und bezeichnet das Zusammenwachsen von mehreren Nanodrähten. In Abschnitt 2.4.1 werden Effekte geometrischer Natur, die z.B. durch die Anordnung der Effusionszellen in der Wachstumskammer hervorgerufen werden, diskutiert.

Nukleation

Mehrere Modelle zu der Nukleation von GaN-Nanodrähten auf Si(111)-Substraten sind in der Literatur zu finden. Bei der Modellierung der tropfeninduzierten Nukleation [45] wird von einem sich lokal ausbildenden Ga-Tropfen ausgegangen unter dem GaN schneller wächst und somit Nanodrähte entstehen. Ein anderes Modell geht von einer durch die Nitridierung des Substrates verursachte Unterdrückung der Diffusion der Ga-Atome aus, die ein laterales Wachstum auf dem Substrat verhindert und somit nur das Wachstum senkrecht zum Substrat ermöglicht [46]. Eine Volmer-Weber-Nukleation wurde ebenfalls vorgeschlagen, bei der auf Grund der Verspannung zwischen Substrat und deponiertem Material sich direkt dreidimensionale Nukleationskeime ausbilden [47]. Durch die Möglichkeit der Diffusion der Ga-Atome auf dem Substrat (siehe nächster Abschnitt) können sich nur neue Nukleationskeime in einem gewissen Abstand ausbilden, wodurch die kolumnare Morphologie gegeben ist.

Ein allgemein beobachteter Effekt ist die Ausbildung einer 1 – 3 nm dicken, amorphen Si_xN_y-Schicht an der Oberfläche des Substrates [47, 48, 49, 50, 51], die die epitaktische Beziehung zwischen Nanodrähten und Substrat beeinflussen kann. Die Beobachtung, dass die Verkippung der Nanodrähte zur Substratoberfläche durch die Rauhigkeit der Oberfläche gegeben ist [48], unterstützt diese These. Ein Widerspruch ergibt sich jedoch durch die Tatsache, dass die Kristallebenen der GaN-Nanodrähte im Allgemeinen in einer Ebene mit den Si-Atomebenen ausgerichtet sind, sodass ein bisher noch unverstandener Mechanismus eine Ausrichtung bewirken muss. Eine weitere Beobachtung ist die verzögerte Nukleation der GaN-Nanodrähte [52]. Dass bedeutet, dass trotz des Öffnen der Zellenshutter und damit der Bereitstellung von Ga und N eine gewisse Zeit lang (Inkubationszeit) keine Nukleation stattfindet. Eine mögliche Erklärung wurde in [48] durch die bevorzugte Ausbildung von Si-N Bindungen gegenüber der Ga-N Bindung, die durch unterschiedliche Bindungsenergien verursacht wird, gegeben.

Eine Möglichkeit, die Ausbildung einer amorphen Si_xN_y-Schicht zu verhindern, ist die Deposition einer AlN-Pufferschicht. Unter geeigneten Bedingungen kann eine epitaktische

2.4 Wachstum von GaN- und InN-Nanodrähten

Beziehung zwischen dem Si, dem AlN und dem GaN, und damit eine geringere Verkippung der GaN-Nanodrähte, erreicht werden. Desweiteren wurde für eine Schichtdicke des AlN unter einer Monolage eine Kontrolle der Flächendichte der Nanodrähte unabhängig vom gewählten Ga-Fluss [53] berichtet. Dabei entstehen auf dem Si-Substrat AlN-Inseln, die durch die bevorzugte Nukleation der Nanodrähte an den Kanten dieser Inseln eine Dichtekontrolle ermöglichen. Die Anzahl der AlN-Inseln ist dann für die Dichte der Nanodrähte massgebend. Das ist insofern bemerkenswert, da kaum eine Zunahme der Dichte für eine Erhöhung des Ga-Flusses, bzw. einer Verringerung des N-Flusses oder der Substrattemperatur beobachtet wird [54].

Neben der Volmer-Weber-Nukleation, die für AlN-gepuffertes Si ebenfalls vorgeschlagen wurde, ist eine Stranski-Krastanov-Nukleation, die bei Quantenpunkten häufig zu beobachten ist, als möglicher Nukleationsmechanismus diskutiert worden [55]. Dabei bildet sich zunächst eine Schicht aus, die auf Grund der unterschiedlichen Gitterkonstanten zwischen Substrat und Schicht stark verspannt ist. Sobald die Verspannung so groß ist, dass dreidimensionales Wachstum energetisch günstiger ist, bilden sich Inseln aus, die eine geringere Verspannung aufweisen. Anhand der Verspannungsentwicklung der GaN-Nanodrähte im Vergleich zu Quantenpunkte konnte dieser Mechanismus in [56] ausgeschlossen werden.

Die große Anzahl an Modellen ist bezeichnend für die Komplexität dieses Themas. Für einige dieser Modelle existieren bereits Anzeichen eines Widerspruches. Das anfänglich diskutierte „Ga-Balling" konnte bereits frühzeitig anhand von detaillierten Analysen zum Wachstum ausgeschlossen werden. Dabei wurden vor dem Wachstum Ga-Tropfen aufgebracht, die anstatt das Nanodrahtwachstum zu beschleunigen eine Nukleation unter dem Tropfen unterdrückt haben [47]. Desweiteren wurde bisher kein Ga-Tropfen auf den Nanodrähten beobachtet und auch die Vermutung, dass die N-reichen Bedingungen und die hohen Temperaturen eine mögliche Anwesenheit der Ga-Tropfen während der Abkühlphase in den Nanodraht einbauen oder desorbieren lassen könnten, wurde durch die Abwesenheit eines Tropfens unter kontinuierlichem Ga-Fluss während der Abkühlphase widerlegt [57]. Auch eine unterdrückte Diffusion der Ga-Atome auf dem Substrat und einem dadurch reduziertem lateralem Wachstum wird in dieser Arbeit durch Analysen zur Diffusion auf dem Substrat in Abschnitt 5.2 widerlegt. Die dreidimensionale Nukleation wurde erst kürzlich in [50, 58] von Consonni et $al.$ bestätigt. Mit Hilfe von RHEED- in Verbindung mit HRTEM-Untersuchungen konnte eine vierstufige Nukleation festgestellt werden. Dabei wurde die RHEED-Intensität über der Wachstumszeit gemessen und zu unterschiedlichen Zeiten ex-situ HRTEM-Untersuchungen durchgeführt, um die Morphologie des deponierten Materials zu bestimmen. In der ersten Phase, der Inkubationszeit, verbleibt die RHEED-Intensität auf dem Anfangswert und es findet keine Nukleation statt. In Phase 2 beginnt die RHEED-Intensität anzusteigen und es können kleine sphärische GaN-Inseln im HRTEM beobachtet werden. In der dritten Phase haben sich ein Teil der bereits vorhanden Inseln in Nanodrähte mit ausgeprägten c- und m-Facetten ausgebildet. In der letzten Phase sind nur noch Nanodrähte vorhanden und die RHEED-Intensität ist gesättigt. Die Umwandlung der sphärischen GaN-Inseln in Nanodrähte konnte dabei über eine Betrachtung der Gesamtenergie, bestehend aus Verspannungsenergie, Oberflächenenergie, Grenzflächenenergie und Kantenenergie konsistent in Abhängigkeit vom Materialvolumen gegeben werden. Der kritische Nukleationskeim beträgt ca. 5 nm.

Die gleiche Gruppe konnte ebenfalls die Evolution der Nukleation auf einer AlN-Pufferschicht erklären [24, 59]. Im Unterschied zur Nukleation auf Si, wo eine amorphe Si_xN_y sich ausbildet und die direkte epitaktische Relation nicht mehr gegeben ist, kann AlN kristallin auf der Si(111)-Oberfläche abgeschieden werden. Der darauf wachsende Nukleationskeim

2 Grundlagen zur MBE und Charakterisierung von Nanosäulen

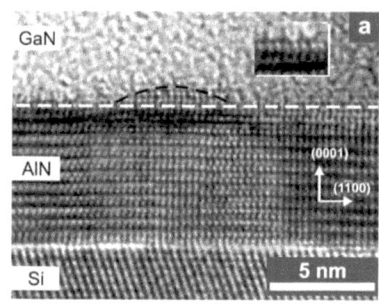

(a) Sphärische Insel.

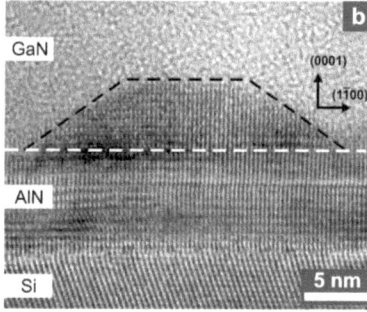

(b) Pyramide mit abgeflachter Spitze.

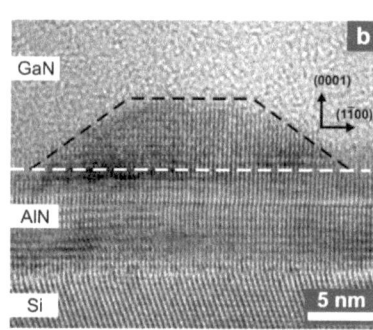

(c) Vollausgebildete Pyramide.

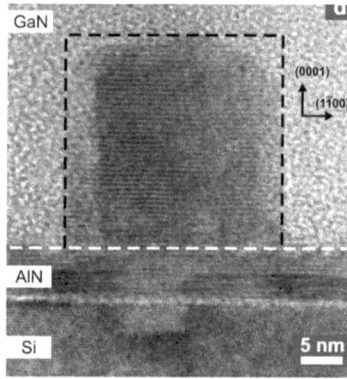

(d) Hexagonaler Nanodraht.

Abbildung 2.3: Evolution des GaN Nukleationskeims nach [50, 58].

2.4 Wachstum von GaN- und InN-Nanodrähten

wird monolithisch, das heißt mit zunächst der gleichen Gitterkonstante, integriert, wodurch Verspannung in den Nukleationskeim induziert wird. Diese Verspannung führt dazu, dass sich der anfängliche, mit der Nukleation auf Si identische, sphärische Nukleationskeim (Abb. 2.3a) in mehreren Schritten zunächst elastisch in eine abgeflachte Pyramide verformt (Abb. 2.3b), diese in eine vollausgebildete Pyramide sich weiterentwickelt (Abb. 2.3c), eine plastische Relaxation in Form einer Versetzung an der Grenzfläche GaN/AlN auftritt, bevor der Nanodraht eine letzte elastische Umwandlung in die endgültige Nanodrahtform vollzieht (Abb. 2.3d).

Während durch die zuvor beschriebene Entwicklung ein ziemlich klares Bild der Umwandlungsprozesse des Nukleationskeims gegeben ist, sind insbesondere der Ort der Nukleation, als auch die epitaktische Orientierung auf Si-Substraten trotz einer amorphen Zwischenschicht noch unverstanden. Auch die häufig beobachtete Mehrfachnukleation, die zu einer hohen Koaleszenz führt (siehe 2.4.1) wurde noch nicht konsistent erklärt.

Ad- und Desorption

Die Ad- und Desorption beschreibt den Austausch von Ga-Atomen zwischen der Umgebung (Vakuum oder stickstoffreiche Atmosphäre im Hochvakuum) und der Oberfläche der Nanodrähte bzw. des Substrates. Die Adsorption bedeutet, dass ein ankommendes Ga-Atom nicht sofort in die Oberfläche eingebaut wird, oder desorbiert, sondern dass es zunächst einen physi-sorbierten Zustand eingeht, in dem es noch an der Oberfläche beweglich bleibt. Die Zeit, die es in diesem Zustand bleibt, sowie die Beweglichkeit an der Oberfläche, ist maßgeblich durch die Temperatur gegeben. Bei tiefen Temperaturen ist die Beweglichkeit niedrig und die Zeit, die es an der Oberfläche verbleibt, groß, sodass mit hoher Wahrscheinlichkeit ein nachfolgendes Atom sich ebenfalls anlagert und das erste Atom in den Kristall somit eingebaut ist. Für höhere Temperaturen wird die Beweglichkeit höher, jedoch setzt auch die Desorption ein. Die Desorption beschreibt den umgekehrten Prozess zur Adsorption, das bedeutet, dass die Bindung des Ga-Adatoms, welches sich physi-sorbiert an der Oberfläche befindet, auf Grund der verfügbaren thermischen Energie sich löst, und das Ga-Atom wieder ins Vakuum übergeht und davondriften kann.

Während die Adsorption und Desorption auf nitridierten Si-Substraten bisher noch nicht untersucht wurde, ist das Verhalten auf den c- und m-Oberflächen von GaN, die äquivalent zu den Top- und den Seitenfacetten der Nanodrähte sind, bereits analysiert. Verschiedene Gruppen haben das Adsorptions- und Desorptionsverhalten von Ga-Adatomen im Vakuum [60, 61], sowie unter N-reichen Bedingungen [62, 63] auf der c-Oberfläche von GaN untersucht. Dabei wurde festgestellt, dass, unabhängig vom Hintergrunddruck in der Kammer, zwei Monolagen Ga (Bilage Ga) an der Oberfläche energetisch günstig sind, und erst anschließend das zusätzlich eintreffende Ga sich zu Tropfen ansammelt. Für die m-Oberfläche von GaN dagegen, die den Seitenfacetten der Nanodrähte entspricht, wurde im Vakuum unter Ga-reichen Bedingungen ebenfalls eine Bilage Ga als energetisch stabile Oberfläche beobachtet, während unter einem N-Angebot eine Trilage (also drei Monolagen) [64] oder sogar mehr [65] möglich sind. Dabei können sich diese Monolagen und Tropfen nur ansammeln, wenn der eintreffende Fluss, und damit die Adsorption, größer ist als die Desorption. Desweiteren bilden sich, solang die ersten beiden Monolagen nicht komplett geschlossen sind, zusammenhängende Bereiche, an deren Kanten sich die Desorption des ansammelnden Materials erhöht im Vergleich zu einer geschlossenen Oberfläche. Dennoch findet auch Desorption von den geschlossenen Bereichen statt, die unter Ga-reichen Bedingungen neben dem direkten Eintreffen von Ga-Atomen zusätzlich von den ausgebildeten Tropfen stabil gehalten werden.

2 Grundlagen zur MBE und Charakterisierung von Nanosäulen

Die Ad- und Desorption von GaN-Nanodrähte wurde noch nicht direkt quantitativ untersucht, Bertness *et al.* haben für das Wachstum von GaN-Nanodrähte [57] vorgeschlagen, dass ein Unterschied im Haftkoeffizienten und damit in der Ad- und Desorption ein treibender Mechanismus des Nanodrahtwachstums ist.

Diffusion

Die Diffusion beschreibt die Bewegung der Adatome an der Oberfläche des Nanodrahtes und ist als signifikanter Prozess des GaN Nanodrahtwachstums allgemein akzeptiert [47, 53, 55, 66, 67]. Experimentell konnte der Einfluss der Diffusion durch eine erhöhte Wachstumsrate in axialer Richtung im Vergleich zum angebotenen Materialfluss festgestellt werden [55]. Dabei wird der direkt einfallende Fluss als effektive Wachstumsrate einer 2-dimensionale Schicht berechnet, und mit der tatsächlichen Wachstumsrate der Nanodrähte verglichen. Durch eine Variation des einfallenden Ga-Flusses von N-reichen zu stöchiometrischen Bedingungen konnte eine Variation der Wachstumsrate in axialer Richtung beobachtet werden, die jedoch immer unterhalb des angebotenen N-Flusses liegt [55]. Da somit neben dem direkten Einfall keine zusätzlichen N-Atome am Wachstum teilnehmen, kann eine Diffusion von N-Atomen nahezu ausgeschlossen werden.

Im Gegensatz dazu liegt die axiale Wachstumsrate unter N-reichen Bedingungen über dem einfallenden Ga-Fluss, sodass eine Diffusion von Ga-Atomen zu der Nanodrahtspitze stattfinden muss. Die Wachstumsrate setzt sich dann aus der Wachstumsrate des direkt auf der Nanodrahtspitze einfallenden Materials plus der diffusionsinduzierten Wachstumsrate zusammen.

Durch das Einbringen von AlN-Markersegmenten während des Nanodrahtwachstums konnte die Evolution des Nanodrahtes nachverfolgt und eine ca. 100 mal höhere Wachstumsrate in axialer im Vergleich zur lateralen Wachstumsrichtung festgestellt werden. Dazu wurde das Wachstum in zeitlich periodischen Abständen unterbrochen und eine dünne Schicht AlN gewachsen, die nach dem Wachstum im TEM leicht identifizierbar ist und somit über die Länge der dazwischen liegenden Segmenten die Wachstumsrate bestimmt werden kann. Desweiteren wurde durch einen Vergleich der Wachstumsraten in Abhängigkeit des Nanodrahtdurchmessers eine Reduktion der axialen Wachstumsrate für kleinere Nanodrahtdurchmesser festgestellt und mit dem Gibbs-Thomson-Effekt erklärt. Der Gibbs-Thomson-Effekt beschreibt eine Erhöhung der Desorption von flüssigen Tropfen für kleinere Durchmesser mit einem verringerten Volumen und den daraus resultierenden veränderten Oberflächeneigenschaften. Da das GaN Nanodrahtwachstum nicht mittels eines Katalysators stattfindet (siehe Abschnitt 2.4.1) ist die Anwendung dieses Modelles auf die Nanodrahtfacetten zwar möglich, jedoch fraglich. Zusätzlich kann sowohl durch die auf den Seitenfacetten, als auch auf den oberen Facetten ausgebildeten AlN-Markersegmenten eine Änderung der kinetischen Eigenschaften der Nanodrahtoberfläche im Vergleich zur GaN-Oberfläche auftreten [47, 67], als auch die durch das AlN induzierte Verspannung, die bei kleineren Nanodrähten höher sein sollte, die Wachstumsrate verringern.

Im Gegensatz dazu wurde in [66] eine reziproke Abhängigkeit der axialen Wachstumsrate von dem Nanodrahtdurchmesser festgestellt. Da das durch die Diffusion beitragende Material (welches von der Größe der Seitenfacette abhängig ist und somit linear mit dem Durchmesser skaliert) auf die Fläche der oberen Facette verteilt werden muss (diese skaliert quadratisch mit dem Durchmesser) ist die reziproke Abhängigkeit der axialen Wachstumsrate von dem Nanodrahtdurchmesser ein Hinweis auf einen diffusionsinduzierten Prozess. Die Diffusionslänge, dass heißt die mittlere freie Weglänge die ein Ga-Atom auf der Seitenfacette hat, bevor es eingebaut wird oder desorbiert, wurde zu 40 nm bestimmt. Der

2.4 Wachstum von GaN- und InN-Nanodrähten

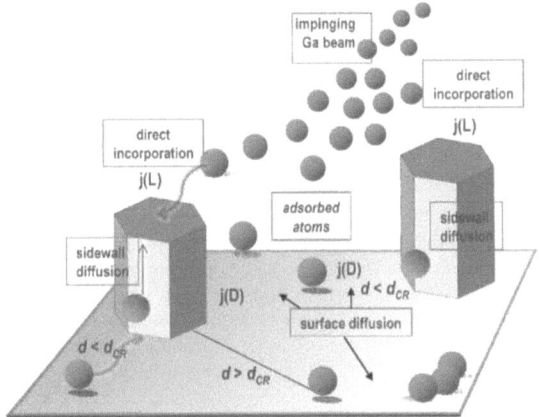

Abbildung 2.4: Diffusionsprozesse während des Wachstums von GaN Nanodrähten nach [47].

gleiche Wert wurde ebenfalls in [68] gefunden.

Sowohl eine Erhöhung der Substrattemperatur, als auch des N-Flusses erhöht die Diffusion der Ga-Atome [67]. Um dieses Phänomen zu verstehen, ist es wichtig eine Vorstellung vom Diffusionsprozess zu bekommen. In den bisherigen Modellen wird typischerweise von einem „Hüpfmodell" ausgegangen. Die Vorstellung dahinter ist, dass das ankommende Atom eine Bindung mit den an der Oberfläche befindlichen Atomen eingeht. Da diese Verbindung nicht thermisch stabil ist, kann sich die Bindung wieder lösen und dabei neben dem Verlassen des Kristalls (Desorption) auch auf ein benachbartes Gitterplatz „hüpfen". Da das Atom bei dem Einbauprozess immer dem Prinzip der Energieminimierung folgt, wird die unmittelbare Umgebung energetisch ungünstig sein und bildet somit eine Energiebarriere, die das Atom erst überwinden muss. Da die Oberfläche energetisch gesehen nicht homogen ist, können sich bevorzugte Diffusionsrichtungen ausbilden, die für Ga und N unterschiedlich sind. In [69] wird die Diffusion auf der c-Ebene von GaN untersucht und eine geringe Diffusivität von N-Atomen auf Grund der hohen Stabilität der Bindungen beobachtet. Gegen Molekülbildung von N_2 sind diese Atome dagegen instabil, sodass unter hohen N-Flüssen eine hohe Desorption angenommen wird. Im Gegensatz dazu besitzen Ga-Atome eine höhere Diffusivität und können sich dementsprechend über weitere Strecken bewegen. Für die m-Ebene ergibt sich ein vergleichbares Bild, jedoch ist die Diffusion für Ga-Atome entlang der c-Richtung (also zur Nanodrahtspitze) geringer im Vergleich zur Senkrechten dazu [70]. Dies ist insofern bemerkenswert, da eine verringerte Diffusion eine gestufte Seitenfacette erwarten lassen würde, was jedoch nicht beobachtet wird. Eine mögliche Erklärung, die in [68] genannt wird, ist, dass für hohe Temperaturen diese Barriere überwunden werden kann und somit glatte Seitenfacetten entstehen können.

Eine weitere interessante Arbeit ist in [71] zu finden. Hier wird der Einfluss einer Ga-Bilage an der Oberfläche der c-Ebene während des Wachstums von GaN-Schichten unter N-reichen Bedingungen theoretisch modelliert sowie mittels Rastertunnelmikroskopie-Messungen untersucht und eine erhöhte Diffusivität von N-Atomen festgestellt. Nanodrähte werden zwar unter sehr N-reichen Bedingungen gewachsen, wo sich keine Ga-Schicht ausbilden sollte, jedoch können auf Grund der hohen Diffusivität evtl. lokal Ga-reiche Be-

2 Grundlagen zur MBE und Charakterisierung von Nanosäulen

dingungen herrschen (siehe auch Abschnitt 2.4.1). Diese Untersuchung gilt zwar nur für die c-Facette, jedoch wurde in [64] ebenfalls die Ausbildung einer dreifachen Schicht von Ga-Atomen auf der Oberfläche von m-Facetten festgestellt, sodass dieses Modell evtl. auch für die Seitenfacetten von Nanodrähten anwendbar ist.

Dekomposition

Die Dekomposition beschreibt die Zersetzung eines Kristalls in seine Bestandteile. Dieser Prozess ist thermisch aktiviert wobei die Dekompositionsrate ϕ_{dec} eine exponentielle Abhängigkeit bzgl. der Temperatur aufweist (siehe Reaktionsgleichung 2.2, A ist der exponentielle Vorfaktor, E_{dec} die thermische Aktivierungsenergie, k_B der Boltzmannfaktor) [11]. Der eigentliche Zersetzungsvorgang findet in mehreren Stufen statt. Zunächst löst sich die Bindung zwischem dem Ga- und N-Atom (Reaktionsgleichung 2.3), die Atome bleiben jedoch zunächst in einem adsorbierten Zustand an der Oberfläche des Kristalls. Während Ga an der Oberfläche diffundieren oder direkt desorbieren (Gleichung 2.4) kann, ist das N-Atom unter den gegebenen Bedingungen immobil und kann unter Hinzugabe eines weiteren N-Atoms ein N_2-Molekül ausbilden und desorbieren (Reaktionsgleichung 2.5).

$$\phi_{dec} = A \cdot e^{-\frac{E_{dec}}{k_B \cdot T}} \qquad (2.2)$$

$$GaN(\text{fest}) \rightarrow Ga(\text{adsorbiert}) + N(\text{adsorbiert}) \qquad (2.3)$$
$$Ga(\text{adsorbiert}) \rightarrow Ga(\text{desorbiert}) \qquad (2.4)$$
$$N(\text{adsorbiert}) + N(\text{adsorbiert}) \rightarrow N_2(\text{desorbiert}) \qquad (2.5)$$

Prinzipiell würde man eine stärkere Dekomposition bei einer Erhöhung der Stickstoffrate durch die gestiegene Wahrscheinlichkeit der N_2-Molekülbildung erwarten. Wie jedoch ebenfalls in [11] gezeigt wurde, ist für die c-Ebene der Gegensatz der Fall. Dies lässt sich mit einer erhöhten Wiedereinbaurate der diffundierenden Ga-Atome durch das höhere Stickstoffangebot erklären.

Im Gegensatz dazu besitzt das N-Atom auf den Seitenfacetten eine höhere Mobilität, sodass die Wahrscheinlichkeit der N_2-Molekülbildung unter N-reichen Bedingungen stark erhöht ist. Da Nanodrähte typischerweise unter N-reichen Bedingungen gewachsen werden, könnte diese erhöhte Mobilität für unterschiedliche axiale und laterale Wachstumsraten sorgen und somit die Nanodrahtmorphologie während des Wachstums stabilisieren.

Eine weitere interessante Arbeit zur Dekomposition von GaN auf der c-Ebene ist in [72] zu finden. Hier wird das Wachstum bei hohen Temperaturen untersucht und eine bevorzugte Dekomposition des Kristalls an Defekten senkrecht zur c-Richtung festgestellt. Diese Dekomposition wurde in [73] genutzt, um sogenannte „negative" Nanodrähte herzustellen. Dabei bilden sich im Kristall kleine, durch Dekomposition entstehende Röhren, die wie bei GaN-Nanodrähten hexagonale Seitenfacetten entlang der m-Richtung ausbilden. Daraus lässt sich schließen, dass diese Facetten ausgesprochen stabil sind und bei Nanodrähten nicht durch die Form des Nukleationskeims gegeben sind.

Einen Schritt weiter geht die Gruppe um Yan *et al.*, die GaN mit gemischter Polarität (siehe Abschnitt 2.4.1) dekomponieren lässt [74]. Dabei beobachten sie die Ausbildung von GaN-Nanodrähten, bei denen die Länge der Nanodrähte der Schichtdicke entspricht. Daraus folgt direkt, dass für diese Nanodrähte keine Dekomposition entlang der c-Richtung

2.4 Wachstum von GaN- und InN-Nanodrähten

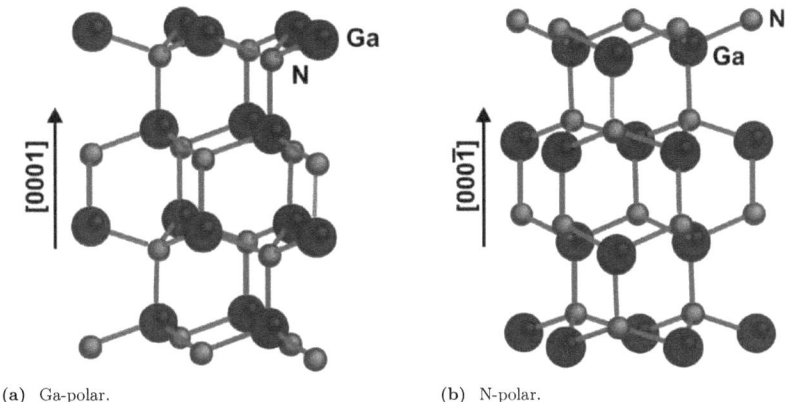

(a) Ga-polar. (b) N-polar.

Abbildung 2.5: Schematische Darstellung der unterschiedlichen Polaritätsrichtungen.

stattgefunden haben kann und somit die c-Richtung sehr thermisch stabil ist. Zusätzlich konnte Sawicka *et al.* in [68] eine Instabilität der m-Oberfläche gegen Dekomposition während des Wachstums von m-Ebenen GaN feststellen. Dies könnte eine mögliche Erklärung für die Ausbildung von Nanodrähten sein, da diese bei vergleichbaren Temperaturen gewachsen werden.

Eine Untersuchung zur Dekomposition an GaN-Nanodrähten fand bisher noch nicht statt und wird im Rahmen dieser Arbeit in 4.4.2 analysiert.

Polarität

Die Polarität der Nanodrähte beschreibt die Anordnung der Kristallebenen aus N- und Ga-Atomen zueinander. In Abb. 2.5 sind die beiden unterschiedlichen Polaritäten entlang der c-Richtung dargestellt.

Für die in dieser Arbeit untersuchten Wachstumsexperimente kann die Polarität der Nanodrähte ebenfalls einen signifikanten Einfluss haben. Mehrere Gruppen haben bereits berichtet, dass Ga-polare Schichten [75], als auch Quanteninseln [76] und Nanodrähte [77, 78], eine höhere Wachstumsgeschwindigkeit im Vergleich zu N-polarem Material haben. Eine Ursache dieser unterschiedlichen Wachstumsraten könnte die thermische Stabilität sein. Shen *et al.* haben in [75] das Wachstum von Ga- und N-polarem Material untersucht und eine unterschiedliche Stabilität festgestellt. Desweiteren konnte, wie in Abschnitt 2.4.1 bei der Dekomposition schon berichtet, eine signifikant unterschiedliche Stabilität von Ga- und N-polarem Material festgestellt werden, die durch die komplette Dekomposition des N-polaren Materials zu einer Nanodrahtstruktur führen kann [74]. Da das Nanodrahtwachstum typischerweise bei Temperaturen stattfindet, bei denen Dekomposition eine relevante Rolle spielt (siehe Abschnitt 2.4.1), könnte die Dekompositionsabhängigkeit von der Polarität eine sinnvolle Erklärung sein.

Während auf AlN die Polarität der Nanodrähte durch das darunterliegende AlN vordefiniert ist [78], muss auf amorphen Oberflächen, wie z.B. auf der amorphen Si_xN_y-Schicht, die Polarität durch die Nukleationsphase bestimmt werden. Da evtl. die Dekomposition bereits die Nukleationskeime am Anfang des Wachstums zersetzen kann, wäre dies eine Erklärung, warum bevorzugt Ga-polare Nanodrähte auf amorphen Materialien wachsen. Sawicka et al. hat das GaN-Schichtwachstum in m-Richtung untersucht und eine höhere Wachstumsgeschwindigkeit in der Ga-polaren Richtung festgestellt, was sie auf die Anzahl der freien Bindungen an der Wachstumsfront zurückgeführt hat. Durch zwei freie Bindungen in Ga-polarer Richtung kann sich eine glatte Wachstumsfront ausbilden, die zusätzlich thermisch stabil ist. In N-polarer Richtung dagegen wird durch nur eine freie Bindung eine gestufte Wachstumsfront beobachtet und eine geringere Stabilität postuliert. Für das Nanodrahtwachstum würde dementsprechend für die Ga-polare Richtung eine glatte, obere Facette zu erwarten sein, während sie für die N-polare Richtung gestuft, als schräg ist.

Wie in Abschnitt 5.1.2 in dieser Arbeit gezeigt wird, wird auch beim selektiven Nanodrahtwachstum ein Einfluss der AlN-Pufferschicht, eine Änderung der Wachstumsrate sowie eine unterschiedliche, obere Facette der Nanodrähte beobachtet.

Koaleszenz

Die Koaleszenz beschreibt das Zusammenwachsen von zwei separaten Nanodrähten, die durch laterales Wachstum aneinanderkommen. Ist die Ausrichtung der Kristallstruktur nicht exakt gleich, kann es bei diesem Prozess zu einer Induktion von Stapelfehler und Verspannungen kommen, die die optischen Eigenschaften des Nanodrahtes beeinflussen [79, 80]. Z.B. wurde in [80] gezeigt, dass die Koaleszenz maßgeblich für die Verbreiterung der Halbwertsbreite der Emissionslinien in PL-Messungen ist. Während typischerweise Koaleszenz auf Grund des Einbaus von Defekten verhindert werden sollte, gibt es Ansätze, Nanodrähte gezielt zu koaleszieren, um planare Schichten mit geringer Verspannung auf verschiedenen Substraten zu wachsen. Um eine homogene Koaleszenz zu ermöglichen muss die Höhe der Nanodrähte nahezu identisch sein [81].

Koaleszenz tritt insbesondere bei einer Erhöhung des Ga-Flusses [82], oder einer Verringerung der Substrattemperatur auf [83, 81]. Eine mögliche Erklärung für diese Abhängigkeit ist von Ristić et al. in [47] gegeben, die einen bevorzugten Einbau der Ga-Atome in die obere Facette postulieren. Überschüssige Ga-Atome können dann in die Seitenfacetten eingebaut werden und tragen zum lateralen Wachstum bei. Dadurch wächst jedoch die Fläche der oberen Facette sodass mehr Material dort eingebaut wird und somit zu einer Sättigung des lateralen Wachstums führt. Da der Materialtransport (Diffusion auf den Seitenfacetten) dabei nicht beachtet wird, ist diese Vorstellung stark vereinfacht. Einen anderen Ansatz wird in [81] verfolgt. Dort wird zwar ebenfalls eine erhöhte Koaleszenz für höhere Ga-Flüsse beobachtet, die Ursache jedoch einer erhöhten Nukleationsdichte und damit einem kleineren, mittleren Abstand der Nanodrähte zugesprochen.

Geometrieeffekte

Im Gegensatz zur Gasphasenepitaxie, wo ein Gas homogen durch einen Reaktor geleitet wird, ist bei der Molekularstrahlepitaxie durch die gerichteten Flussrichtungen der Atom- und Molekülstrahlen aus den Zellen die Geometrie der Anlage wichtig. Foxon et al. hat in [84] das Nanodrahtwachstum mit und ohne Rotation für gegenüberliegende Ga- und N-Zellen untersucht und Rückschlüsse auf den Einfluss der Zellengeometrie gezogen. Da durch die entgegengesetzte Anordnung der Zellen auf den Seitenfacetten nur abwechselnd ein direkter Ga und N-Fluss auftreffen kann, auf der oberen Facette dagegen während der gesamten Zeit beide Materialien eintreffen, lässt sich durch die unterschiedliche Menge an

2.4 Wachstum von GaN- und InN-Nanodrähten

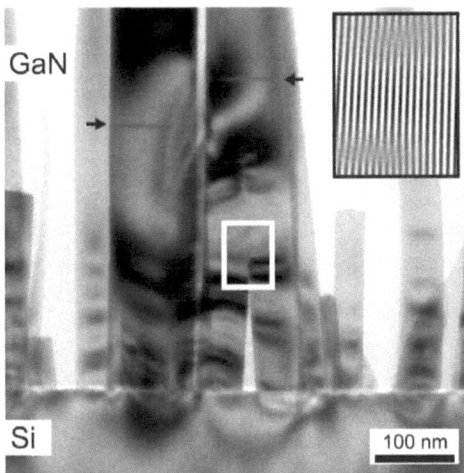

Abbildung 2.6: Koaleszenz von GaN Nanodrähten ([79]). Das Inset zeigt ein fouriertransformierte Bild aus dem weißmarkierten Ausschnit. Die schwarzen Pfeile markieren koaleszenzinduzierte Stapelfehler.

eintreffenden Materialien bereits ein Nanodrahtwachstum erklären. Auch ohne Rotation wird eine hexagonale Form des Nanodrahtes beobachtet, sodass eine Diffusion sowohl von Ga, als auch von N möglich sein muss. In [70] wird die Diffusion auf m-Facetten untersucht und tatsächlich für Ga eine hohe Diffusivität senkrecht zur c-Richtung gefunden. Im Gegensatz dazu ist die Diffusion von N-Atomen laut dieser Veröffentlichung nicht möglich, da ein N-Atom in der Nähe eines weiteren N-Atoms dieses bindet und als N_2-Molekül desorbiert. Trotzdem muss eine Diffusion von N stattfinden, da ansonsten die Nanodrähte ohne Substratrotation nur einseitig weiterwachsen würden. Einen weiteren Hinweis auf den Einfluss der Geometrie ist in [68] zu finden. Dort wird das Wachstum der Nanodrähte für zwei unterschiedliche Einfallswinkel der N-Zelle untersucht. Falls die N-Zelle mit einem großen Winkel zur Substratnormalen montiert ist, wird ein deutliche Verbreiterung der Nanodrähte zur Spitze hin beobachtet, während bei senkrechtem Einfall des N-Flusses die Nanodrähte dünn und mit homogenem Durchmesser wachsen. Dies wird dadurch interpretiert, dass für den schrägen Einfall die seitlich eintreffenden N-Atome die diffundierenden Ga-Atome effektiv einbauen und somit das laterale Wachstum wächst. Im Gegensatz dazu treffen beim senkrechten Einfall so gut wie keine N-Atome auf die Seitenfacetten, wodurch das laterale Wachstum unterdrückt wird. Gleichzeitig nimmt das axiale Wachstum zu, da mehr N auf der oberen Nanodrahtfacette auftrifft.

2.4.2 Unterschiede des Wachstums von InN-Nanodrähten im Vergleich zu GaN-Nanodrähten

Im Gegensatz zum Wachstum von GaN-Nanodrähten ist das Wachstum von InN-Nanodrähten weitaus weniger untersucht. Prinzipiell treten jedoch die gleichen Effekte wie bei GaN-Nanodrähte auf. Ein gravierender Unterschied ist die geringere Stabilität des InN-

2 Grundlagen zur MBE und Charakterisierung von Nanosäulen

Kristalls, die dazu führt, dass die Dekomposition bei tieferen Temperaturen im Vergleich zur Desorption stattfindet. Dadurch wird das Wachstum extrem erschwert, da überschüssige In-Atome nicht desorbieren können und somit der In- und N-Fluss sehr genau eingestellt werden muss. Desweiteren besitzt In selbst unter N-reichen Bedingungen noch Diffusionslängen bis zu mehreren μm auf dem Substrat.

3 Dotierung von Nanodrähten

In diesem Kapitel wird der Einfluss der Si- und Mg-Dotierung auf das Nanodrahtwachstum untersucht. In Abschnitt 3.1 wird vollständigkeitshalber die Dotierung von GaN-Nanodrähten erwähnt, jedoch in dieser Arbeit nicht weiter verfolgt. Anschließend wird im Abschnitt 3.2 die Si-Dotierung von InN-Nanodrähten diskutiert. Dazu wird zunächst der Einfluss der Wachstumsparameter auf die Morphologie der Nanodrähte untersucht (Unterabschnitt 3.2.1), bevor das bei bestimmten Parametern auftauchende Wachstum einer Schicht analysiert wird (Unterabschnitt 3.2.2). Anschließend wird in Unterabschnitt 3.2.3 mit verschiedenen Methoden der Nachweis der Dotierung diskutiert, bevor die Ergebnisse in Unterabschnitt 3.2.4 zusammengefasst werden. Für die Untersuchung zu der Mg-Dotierung in Abschnitt 3.3 wird ebenfalls zunächst die Morphologie der Nanodrähte bei verschiedenen Wachstumsparametern untersucht (Unterabschnitt 3.3.1), bevor der Nachweis des erfolgreichen Einbaus der Mg-Atome als Akzeptoren in Unterabschnitt 3.3.2 diskutiert wird. Abschließend werden die Ergebnisse zur Mg-Dotierung in Abschnitt 3.3.3 zusammengefasst.

Als Grundlage für die Herstellung von Dioden und Transistoren ist das gezielte Einbringen von Fremdatomen, das Dotieren, erforderlich [85]. Die Dotierung lässt sich prinzipiell durch das Hinzufügen eines weiteren Elements mit Konzentrationen im Promill- bis Prozentbereich im Vergleich zum Wirtskristall realisieren und wird während der Herstellung (direkte Inkorporation) oder nach der Herstellung des Kristalls u.a. durch das gezielte Beschießen des Festkörpers mit Ionen (Ionenimplantation) oder Eindiffusion erreicht [86]. Da die Verfahren nach der Herstellung im Allgemeinen ein aufwendiges Nachprozessieren erfordern [87], wird in dieser Arbeit nur die Inkorporation von Dotieratomen während des Wachstums untersucht.

Für die Dotierung von Gruppe III-Nitriden gibt es eine Vielzahl unterschiedlicher Elemente [15], die man in erster Linie zur elektrischen Dotierung nutzt. Dabei geht es um die Änderung der Besetzungsdichte in Leitungs- und Valenzband durch gezieltes Einbringen von thermisch aktivierten, freien Elektronen (n-Typ) oder Löchern (p-Typ) durch Atome mit energetischen Zuständen in der Bandlücke nahe der Bandkanten (Donator bzw. Akzeptor), was dazu führt dass ein Ladungsträgertyp (Elektron oder Loch) die elektrische Leitfähigkeit dominiert (Majoritätsladungsträger).

Die vielversprechendsten Kandidaten sind unter anderem Si [88], Ge [89] und Se [90] bzw. Mg [91] und Be [92] als n- respektive p-Typ. Von diesen Materialien hat sich Si auf Grund der hohen Skalierbarkeit der Dotierung von 10^{17} bis 10^{19} cm^{-3} als Donator durchgesetzt [93], während Mg als Akzeptor momentan favorisiert wird [94], beide Elemente sind Gegenstand der Untersuchungen dieser Arbeit.

Prinzipiell ist die Dotierung von Nanodrähten im Vergleich zu Schichten komplizierter, da Oberflächeneigenschaften das elektronische Verhalten dominieren können. Insbesondere bei Nitriden spielt die Verschiebung der Leitungs- und Valenzbänder an der Oberfläche eine entscheidende Rolle. In Abb. 3.1 ist schematisch das Bänderdiagramm eines Nanodrahtes mit Oberflächenverarmung bzw. Oberflächenanreicherung dargestellt. Die Verschiebung der Bänder wird hierbei durch Oberflächenzustände hervorgerufen, die durch die Brechung der Periodizität des Kristalls entstehen. Dabei bilden sich Donator- bzw. Akzeptorartige

3 Dotierung von Nanodrähten

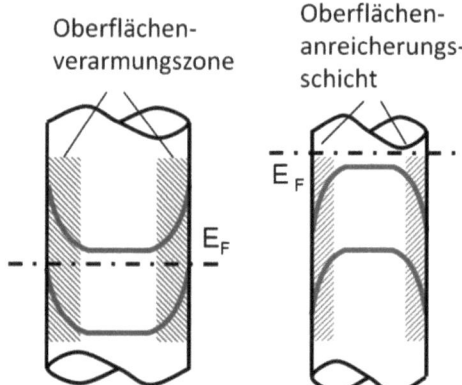

Abbildung 3.1: Banddiagramm in einem Nanodraht mit Verarmungs- bzw. Anreicherungsschicht an der Oberfläche.

Zustände, die bei den Nitriden oberhalb der Leitungsbandkante, bzw. unterhalb der Valenzbandkante lokalisiert sind. Um die Ladungsneutralität im Kristall zu erhalten werden die Leitungs- und Valenzbänder so verschoben, dass die durch die Oberflächenzustände zusätzlich vorhandenen Ladungsträger neutralisiert werden. Die daraus resultierende, elektrischen Felder führen zu einer Anreicherungsschicht von Elektronen (InN [95]) bzw. Löchern (GaN [96]) an der Oberfläche. Die Stärke der elektrischen Felder ist dabei abhängig vom Durchmesser, da bei einer Reduzierung des Durchmessers das elektrische Feld stärker abfallen muss um weiterhin Ladungsneutralität zu gewährleisten. Die Anzahl der Oberflächenzustände ist bei Nitriden so hoch, dass bei dem Anlegen einer Spannung, welches normalesweise eine Änderung des Ferminiveaus mit sich führt, an der Oberfläche die freien Zustände besetzt oder entleert werden, das Ferminiveau an der Oberfläche sich jedoch nicht ändert. In diesem Fall spricht man von Fermi-Level-Pinning. Dadurch ist eine Bestimmung der Ladungsträgerkonzentration im Volumen mittels Transport- oder Hallmessungen schwierig [97, 98, 99], da das Messsignal von der Oberfläche dominiert wird.

Zusätzlich zu den intrinsischen Oberflächenzuständen kann ein weiteres Problem durch die Änderung der Ionisierungsenergie der Dotieratome in der Nähe der Oberfläche auftreten [100, 101], da diese selbst bei Raumtemperatur noch „ausgefroren" bleiben können. Das bedeutet, dass die thermische Energie nicht ausreicht, um das Dotieratom zu ionisieren und damit dem Kristall kein freies Elektron oder Loch zur Verfügung gestellt wird. Dies in Verbindung mit einer bevorzugten Segregation der Dotieratome zur Oberfläche [102, 103] erschwert die erfolgreiche Dotierung von Nanodrähten.

Neben des Einflusses auf die elektronischen Eigenschaften können Dotieratome sowohl Defekte in den Volumenkristall induzieren, als auch Oberflächen verändern und damit Einfluss auf die thermische Stabilität, als auch auf die Oberflächenenergien und damit auf die Desorption, Diffusion als auch den Einbau von Atomen nehmen [104, 105].

3.1 Dotierung von GaN Nanodrähten

Wie bereits in der Einleitung erwähnt, wurden die Arbeiten zur Dotierung von GaN-Nanodrähten von meinem Kollegen Friederich Limbach durchgeführt, sodass ich an dieser Stelle auf seine Dissertation [106] und dem veröffentlichten Journalbeitrag [107] verweisen möchte. Vor dem Hintergrund des geordneten Wachstums ist insbesondere die Arbeit zur Mg-Dotierung interessant, da eine Verringerung der Aktivierungsenergie des Nukleationsprozesses beobachtet wurde somit eine homogenere Nukleation, und damit auch Morphologie, möglich erscheint.

3.2 Si-Dotierung von InN Nanodrähten

Im Vergleich zur Dotierung von GaN ist die Anzahl der Publikationen zur Dotierung von InN Nanodrähten spärlicher [108, 109], was unter Anderem an der Schwierigkeit der Synthetisierung eines qualitativ hochwertigen Kristalls und der damit verbundenen Frage der elektronischen Eigenschaften des undotierten Materials [7] liegt. Hinzu kommt, dass InN eine Anreicherungsschicht von Elektronen besitzt [95, 110, 111].

3.2.1 Einfluss der Wachstumsparameter auf die Morphologie

Wie bereits an InN-Schichten gezeigt wurde, kann Si beim Einbau in InN als Donator genutzt werden [112]. Auch für InN-Nanodrähte gibt es bereits erste Nachweise einer erhöhten Leitfähigkeit, die auf eine erhöhte Ladungsträgerkonzentration und damit auf eine erfolgreiche Dotierung hinweisen. Interessanterweise konnte in den Arbeiten von T. Richter *et al.* [109] eine nichtlineare Abhängigkeit der Leitfähigkeit vom Durchmesser beobachtet werden, die mit einer bimodalen Leitungscharakteristik, an der Oberfläche und im Volumen erklärt werden konnte. In dieser Arbeit liegt der Schwerpunkt der Untersuchung auf dem Einfluss der Dotierung auf das Wachstum, während die optoelektronische Analyse dem Nachweis der Dotierung dienen soll.

Zur Untersuchung des Einflusses der Siliziumdotierung auf das Wachstum wurden drei Serien von Proben gewachsen, in denen jeweils ein Wachstumsparameter verändert wird, während die anderen konstant gehalten wurden. Es sollte hierbei erwähnt werden, dass bei dieser Art der Untersuchung immer nur ein kleiner Bereich des mehrdimensionalen Parameterraums beleuchtet wird, sodass weitere Effekte bei anderen Parameterkombinationen nicht auszuschließen sind. Dennoch erlaubt es einem den Einfluss der einzelnen Parameter auf das Wachstum besser zu verstehen und mögliche, interessante Bereiche zu identifizieren.

Si-Fluss

Im Rahmen der ersten Serie (Serie 1) wurde der Einfluss des Si-Flusses auf das Wachstum untersucht. Dazu wurden Wachstumsparameter genutzt, die aufgrund von Voruntersuchungen an undotierten Nanodrähten [113] eine homogene Säulenform erwarten lassen. Während des zweistündigen Wachstums betrug der In-Fluss $\phi_{In} = 2$ nm/min, die Substrattemperatur $T_{Sub} = 475$ °C und der N-Fluss $\phi_N = 18$ nm/min. Der Si-Fluss wurde von 0 (undotiert) bis $\phi_{Si} = 0.18$ nm/min variiert.

In Abb. 3.3 sind die Ergebnisse der SEM-Untersuchungen zu den drei Serien abgebildet. Unter den oben angegebenen Parametern erhält man für den undotierten Fall InN-Nanodrähte mit einer Dichte von $\sigma = 67 \cdot 10^8$ cm^{-2} und durchschnittlichen Längen und

3 Dotierung von Nanodrähten

Abbildung 3.2: SEM-Aufnahmen in Schrägansicht von undotierten InN Nanodrähten.

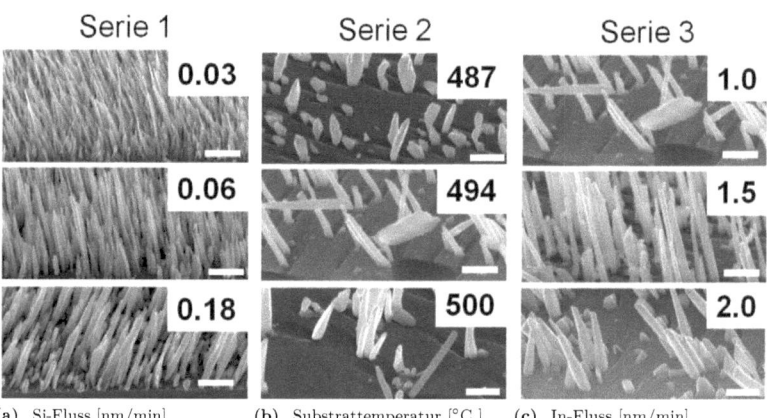

(a) Si-Fluss [nm/min] (b) Substrattemperatur [°C] (c) In-Fluss [nm/min]

Abbildung 3.3: SEM-Aufnahmen der drei Wachstumsserien. Skala entspricht 200 nm.

3.2 Si-Dotierung von InN Nanodrähten

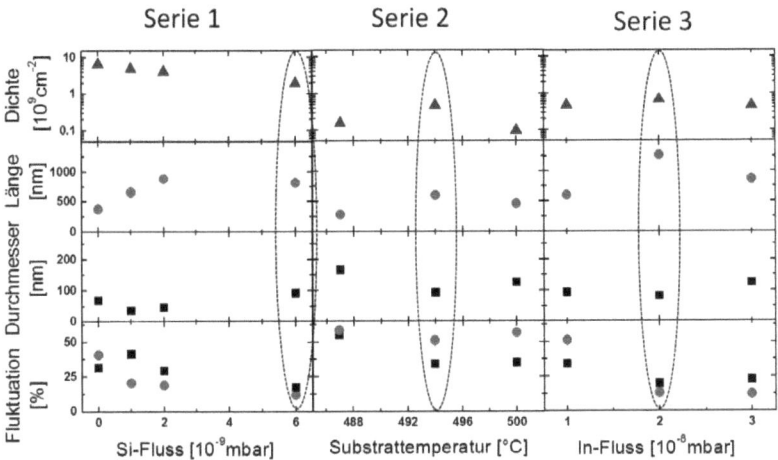

Abbildung 3.4: Statistische Analyse der in Abb. 3.3 gezeigten Proben, optimale Bedingungen mit niedrigen Fluktuationen sind gestrichelt umrandet.

Durchmessern von 370 nm respektive 68 nm (siehe Abb. 3.2). Die Mehrheit der Drähte besitzt eine graduelle Reduktion des Durchmesser zur Spitze hin und nur vereinzelt sind signifikant längere Drähte mit homogenem Durchmesser erkennbar. Wird zusätzlich zum Wachstum Si mit einem BEP von $\phi_{Si} = 0.03$ nm/min hinzugegeben, lässt sich eine deutliche Zunahme der langen und homogenen Drähte erkennen. Dabei verringert sich der mittlere Drahtdurchmesser bei einer gleichzeitigen Zunahme der Länge, die Dichte der Drähte nimmt leicht ab. Wird der Si Fluss weiter auf $\phi_{Si} = 0.06$ nm/min erhöht, werden Durchmesser und Länge vergrößert, während die Dichte weiter abnimmt. Für einen durch die Effusionszelle limitierten maximalen Fluss von $\phi_{Si} = 0.18$ nm/min setzen sich die bereits vorher beobachteten Tendenzen fort; die Dichte nimmt weiter ab und der Durchmesser weiter zu, während die Länge nahezu konstant bleibt.

Um eine quantitative Aussage über den Einfluss der Si-Dotierung auf das Wachstum treffen zu können, wurden statistische Analysen an den SEM-Bildern durchgeführt. Dazu wurden an ca. 50 Drähten der Durchmesser und die Länge, sowie die Dichte auf einer Fläche von 2×2 μm bestimmt, Nanodrähte mit einer Länge unter $l_{ND} = 100$ nm wurden dabei nicht beachtet. Die Ergebnisse sind in Abb. 3.4 dargestellt. Wie bereits im vorigen Abschnitt qualitativ beschrieben, nimmt die Dichte mit zunehmender Si-Dotierung von $\sigma = 67 \cdot 10^8$ cm^{-2} auf $\sigma = 19 \cdot 10^8$ cm^{-2} ab. Im Gegensatz dazu nimmt die Länge bei Erhöhung der Dotierung bis $\phi_{Si} = 0.03$ nm/min von $l_{ND} = 370$ nm auf $l_{ND} = 880$ nm zu und bleibt bei $\phi_{Si} = 0.18$ nm/min nahezu unverändert bei $l_{ND} = 810$ nm. Während sich Dichte und Länge linear verhalten nimmt der Durchmesser der Drähte bei Hinzugabe von Si zunächst von $d_{ND} = 68$ nm auf $d_{ND} = 36$ nm ab und steigt anschließend auf $d_{ND} = 92$ nm an.

Schwerpunkt dieser Arbeit ist die Untersuchung des geordneten Wachstums. Dementsprechend ist die Fluktuation der Abmaße der Nanodrähte von Interesse, zu sehen in

3 Dotierung von Nanodrähten

Abb. 3.4, untere Zeile. Die Fluktuationen entsprechen dem statistischen Fehler der Messungen der Länge und des Durchmessers.

Für das undotierte Wachstum ergibt sich bei den gewählten Parametern eine Fluktuation des Durchmessers und der Länge von 31 respektive 41 %. Durch das Hinzufügen von Si während des Wachstums nimmt die Längenfluktuation drastisch auf 20 % ab und sinkt bis zur maximalen Dotierung konstant weiter auf 12 %. Die Durchmesserfluktuation nimmt zunächst für niedrige Dotierungen von 31 % auf 41 % zu, was sich auf die kleinen Durchmesser zurückführen lässt. Bei zunehmender Dotierung verringert sich die Fluktuation und liegt letztendlich unterhalb des Werts der undotierten Drähte bei 18 %. Bereits an diesen Werten lässt sich erkennen, dass sich durch die Dotierung eine homogene Verteilung der Nanodrahtabmessungen erreichen lässt. Um ein besseres Verständnis der zu Grunde liegenden Mechanismen zu erhalten, wurden ebenfalls der Einfluss der Substrattemperatur und des In-Flusses untersucht.

Substrattemperatur

Da das Augenmerk weiterhin auf dem selektiven Wachstum liegt, welches typischerweise an der oberen Temperaturgrenze des Wachstumsbereichs bei, wenn die Desorption mit betrachtet wird, niedrigen Gruppe III-Flüssen stattfindet, wurde die Substrattemperatur zwischen $T_{Sub} = 487 - 500$ °C variiert, während der In- und Si- Fluss auf $\phi_{In} = 1$ nm/min bzw. $\phi_{Si} = 0.18$ nm/min konstant gehalten wurde. Für eine Wachstumstemperatur von $T_{Sub} = 487$ °C ist das InN-Nanodrahtwachstum stark reduziert, sodass sowohl die Dichte, als auch die Länge der Drähte bei relativ niedrigen Werten von $\sigma = 1.6 \cdot 10^8$ cm^{-2} bzw. $l_{ND} = 280$ nm liegen (siehe Abb. 3.4). Der Durchmesser liegt bei $d_{ND} = 170$ nm und fluktuiert, so wie die Länge, um **56 %**. Wird die Substrattemperatur auf $T_{Sub} = 494$ °C erhöht, führt dies überraschenderweise zu einer Erhöhung der Dichte und Länge auf Werte von $\sigma = 4.7 \cdot 10^8$ cm^{-2} und $l_{ND} = 600$ nm, wobei der Durchmesser leicht auf $d_{ND} = 93$ nm abnimmt (siehe Abb. 3.4). Die Fluktuationen von Durchmesser und Länge reduziert sich auf **34** und **51 %**. Erst bei einer weiteren Erhöhung der Temperatur auf $T_{Sub} = 500$ °C findet eine drastische Reduktion der Dichte auf $\sigma = 1.0 \cdot 10^8$ cm^{-2} bei einer leichten Verkürzung der Nanodrahtlänge und eines Anstiegs des -durchmesser auf Werte von $d_{ND} = 450$ nm respektive $d_{ND} = 127$ nm statt, die mit Beobachtungen an undotierten Nanodrähten [113, 114] tendenziell übereinstimmen. Es sei hier jedoch angemerkt, dass sich bei undotiertem Wachstum die Morphologie der Drähte bei einer höheren Substrattemperatur signifikant unterscheidet. Für das Si-dotierte Wachstum scheint eine Wachstumstemperatur von $T_{Sub} = 494$ °C in dem hier untersuchten Bereich optimal zu sein.

In-Fluss

Als letzter Parameter wurde der Einfluss des In-Flusses untersucht. Da bei einer Substrattemperatur von $T_{Sub} = 494$ °C die Fluktuation am niedrigsten sind, wurde die Variation des In-Flusses bei dieser Temperatur und dem höchsten Si-Fluss durchgeführt. Bei einer Erhöhung des In-Flusses von $\phi_{In} = 1$ nm/min auf $\phi_{In} = 1.5$ nm/min verdoppelt sich die durchschnittliche Länge der Drähte von $l_{ND} = 600$ nm auf $l_{ND} = 1270$ nm, während der Durchmesser nahezu konstant bei $d_{ND} = 93$ nm respektive $d_{ND} = 81$ nm bleibt. Die Fluktuationen sind minimal (Abb. 3.4). Bei einer weiteren Erhöhung des In-Flusses auf $\phi_{In} = 2.0$ nm/min reduziert sich die durchschnittliche Länge auf $l_{ND} = 860$ nm bei einer leichten Erhöhung des Durchmessers auf $d_{ND} = 124$ nm. Die Dichte, die zunächst

3.2 Si-Dotierung von InN Nanodrähten

von $\sigma = 4.7 \cdot 10^8$ cm^{-2} auf $\sigma = 6.7 \cdot 10^8$ cm^{-2} angestiegen ist fällt wieder zurück auf $\sigma = 4.6 \cdot 10^8$ cm^{-2}. Ähnlich wie bei der Variation der Substrattemperatur gibt es einen optimalen Wachstumsbereich, der in diesem Fall bei einem Fluss von $\phi_{In} = 1.5$ nm/min liegt.

Bemerkenswerterweise verhalten sich die Wachstumsparameter nicht linear, was eine Optimierung prinzipiell schwierig macht. Es konnte jedoch für den hier untersuchten Parameterraum zu jeden Wachstumsparameter ein optimaler Wert bestimmt werden ($\phi_{In} = 1.5$ nm/min, $T_{Sub} = 494$ °C, $\phi_{Si} = 0.18$ nm/min, $\phi_N = 18$ nm/min).

Wachstumszeit

Bei einer Erhöhung der Wachstumsdauer von $t_{Wac} = 2$ h auf $t_{Wac} = 4$ h unter Verwendung der optimalen Wachstumsparameter ($\phi_{In} = 1.5$ nm/min, $T_{Sub} = 494$ °C, $\phi_{Si} = 0.18$ nm/min, $\phi_N = 18$ nm/min) lässt sich eine weitere, drastische Verbesserung der Homogenität der Nanodrähte erreichen, wie in Abb. 3.5 zu erkennen ist. Die Mehrheit der Drähte hat dabei eine Länge von $l_{ND} = 1400$ nm bei einem Durchmesser von $d_{ND} = 100$ nm, was einem sehr hohen Aspekt von 14 entspricht. Gleichzeitig ist die Distribution der Drähte bezüglich ihrer Länge und Breite, wie in Abb. 3.5a dargestellt, extrem klein. Die einzelnen Punkte außerhalb des umrandeten Bereichs lassen sich auf Koaleszenz, bzw. Abschattungseffekte zurückführen. Die Koaleszenz, das bedeutet das Zusammenwachsen von mehreren Nanodrähten, führt zu einer Erhöhung des Drahtdurchmessers, während Abschattungseffekte die Versorgung mit In bzw. N verhindern und somit das Wachstum frühzeitig stoppt, sodass der Nanodraht kürzer ist als die Anderen.

In Abb. 3.5b ist eine HRTEM-Aufnahme eines einzelnen Nanodrahtes abgebildet. Auffällig ist das Nichtvorhandensein von Stapelfehlern sowie die Homogenität des Durchmessers in weiten Teilen des Nanodrahtes. Lediglich im unteren Bereich ist eine Einengung in Verbindung mit Stapelfehlern zu erkennen. Im Vergleich zu undotierten Nanodrähten, die bei tieferen Temperaturen einen ausgedehnten Bereich an Stapelfehlern im unteren Bereich aufweisen [115] bzw. bei vergleichbaren Wachstumsbedingungen eine nahezu umgekehrt-pyramidenartige Form besitzen [113], lässt sich hier deutlich eine Verbesserung der Morphologie feststellen.

3.2.2 Untersuchung des ungewollten Schichtwachstum

Neben dem reinen Drahtwachstum tritt bei der Synthetisierung von InN Nanodrähten insbesondere bei hohen Temperaturen parasitäres Wachstum, das bedeutet kleine Kristalle mit keinen klaren Facettierungen und einem Aspektverhältnis von ca. 1 (zu sehen in Abb. 3.3 Bild 1 der Serie 2), auf. Neben diesen Kristallen kann bei den Si-dotierten InN-Nanodrähten eine Art Schichtwachstum auf dem Substrat beobachtet werden, über das bisher in der Literatur zu InN-Nanodrähten noch nicht berichtet wurde. In der letzten Abbildung der Serie 2 in Abb. 3.3 ist deutlich eine geschlossene Schicht, die nur in unmittelbarer Umgebung von Nanodrähten unterbrochen ist, zu erkennen. Die Unterbrechung der Schicht entspricht dabei der Form des angrenzenden Nanodrahts und lässt sich aufgrund der Orientierung des Substrates unter Berücksichtigung der Zellengeometrie auf eine Abschattung des Si-Flusses zurückführen.

Um die Entstehung dieser Schicht besser zu verstehen, wurde eine Serie mit konstanten Wachstumsparametern jedoch unterschiedlichen Wachstumszeiten hergestellt, die in Abb. 3.6 dargestellt ist. Nach $t_{Wac} = 15$ min sind deutlich die Nukleationskeime der Nanodrähte, sowie vereinzelte Kristallite mit kleinem Aspekt zu erkennen. Anzeichen ei-

3 Dotierung von Nanodrähten

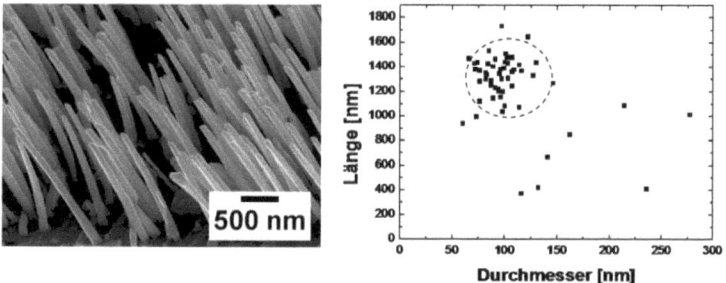

(a) SEM-Abbildung in Schrägansicht mit zugehörigem Längen- und Durchmesserverhältnis.

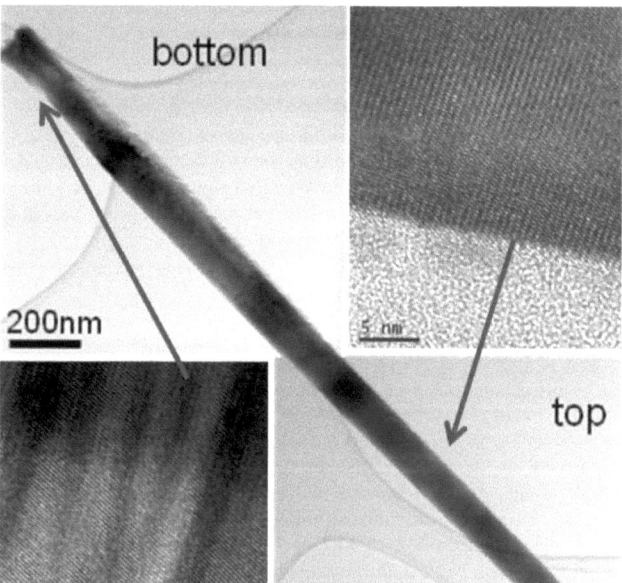

(b) TEM Aufnahme eines einzelnen Nanodrahtes mit HRTEM Bilder des Fusses und der Spitze des Nanodrahtes.

Abbildung 3.5: Strukturelle Analyse von optimierten InN Nanodrähten.

3.2 Si-Dotierung von InN Nanodrähten

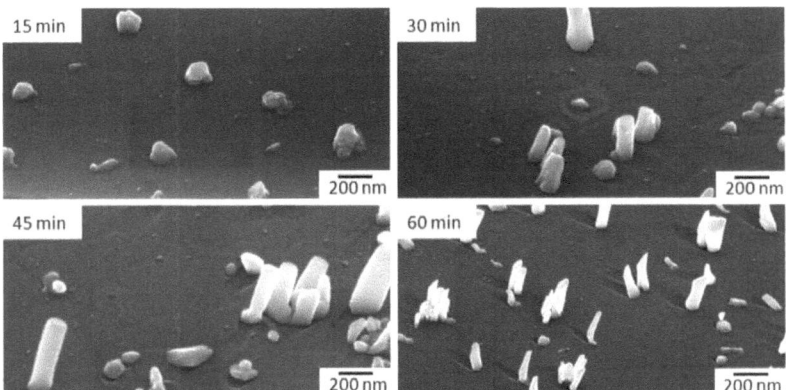

Abbildung 3.6: SEM-Aufnahmen zu Proben mit verschiedenen Wachstumszeiten bei konstanten Wachstumsparametern ($\phi_{\mathbf{Si}} = 0.18$ nm/min, $\mathbf{T}_{Sub} = 497\ °C$, $\phi_{\mathbf{In}} = 1.5$ nm/min, $\phi_{\mathbf{N}} = 18$ nm/min). Bei 30 min ist die Kontur der Oberflächenschicht eingezeichnet.

ner Schicht lassen sich nicht identifizieren. Nach $t_{\mathbf{Wac}} = 30$ min lässt sich neben den sich ausbildenden Nanodrähten eine deutliche Texturierung des Substrats feststellen, die auf Grund ihrer hexagonalen Struktur (siehe Mitte des Bildes bei $t_{\mathbf{Wac}} = 30$ min in Abb. 3.6) InN als Material nahelegt. Nach $t_{\mathbf{Wac}} = 45$ min nimmt die hexagonale Struktur der Substratoberfläche durch laterales Wachstum ab, sodass sich letztendlich nach $t_{\mathbf{Wac}} = 60$ min eine nahezu geschlossene Schicht ausgebildet hat. Unterbrechungen dieser Schicht sind nur in der Nähe von Nanodrähten zu beobachten, die auf die Abschattung der schräg einfallenden Flüsse zurückzuführen sind. Bemerkenswert ist, dass die Kristallite, die nach $t_{\mathbf{Wac}} = 15$ min deutlich zu erkennen sind, nach $t_{\mathbf{Wac}} = 30$ min nicht mehr vorhanden sind und stattdessen Gruppen von Nanodrähten das Bild dominieren. Dies, in Verbindung mit der extrem geringen Wachstumsrate nach der Nukleation, lässt sich durch eine hohe Dekomposition erklären.

Zur Identifizierung der Schicht wurden HRTEM Aufnahmen an einer Si-dotierten InN-Probe durchgeführt, dargestellt in Abb. 3.7. Es sind deutlich die einzelnen Kristalebenen zu erkennen, was auf ein zumindest teilweise monokristallines Material schließen lässt. Da die Zonenachse der Schicht nicht mit der Zonenachse des Substrates übereinstimmt (keine klaren Kristallebenen für das Si-Substrat erkennbar), scheint keine epitaktische Relation zum Substrat zu bestehen. Eine eindeutige Identifizierung des Materials war leider nicht möglich, jedoch gibt es deutliche Anzeichen, dass es sich hierbei um Si-dotiertes InN handelt. Es sei jedoch angemerkt, dass die Realisierung einer kristallinen InN-Schicht auf Si äußerst schwierig ist und nur wenige Gruppen bisher das Wachstum erreichen konnten [116, 117]. Zunächst einmal bildet sich typischerweise amorphes Si_xN_y an der Oberfläche des Si-Substrates, sodass es wahrscheinlicher ist dass im Falle einer Deposition von Si_xN_y dieses ebenfalls amorph weiterwächst. Desweiteren würde bei einem kompletten Einbau des Si in die Schicht eine Dicke von max. einigen wenigen nm erwarten lassen, während die im SEM und HRTEM gemessenen Dicken der Schicht zwischen einigen 10 bis 100 nm liegen. Somit ist das Wachstum einer hochdotierten InN-Schicht sehr wahrschein-

3 Dotierung von Nanodrähten

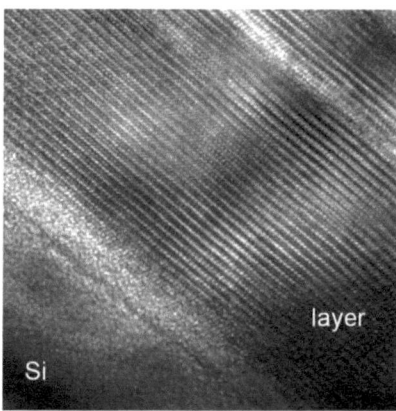

Abbildung 3.7: HRTEM-Aufnahme der zwischen den Si-dotierten InN-Nanodrähten gewachsenen Schicht.

lich. Da die Wachstumstemperaturen für Nanodrähte ca. 50 °C höher sind als für das Schichtwachstum und das Wachstum unter N-reichen Bedingungen stattfindet, wogegen Schichten bevorzugt stöchiometrisch, bzw. leicht Metall-reich gewachsen werden, könnte dies eine neuartige Möglichkeit sein, um hochkristalline InN-Schichten auf Si zu realisieren.

3.2.3 Nachweis der Si-Dotierung

Es sei nochmal daran erinnert, dass der Nachweis von Dotierungen in Nanodrähten weitaus komplexer im Vergleich zu Schichten ist. Dies liegt einerseits daran, dass je nach Größe des Drahtes und Art der Messmethode die Volumen oder die Oberflächeneigenschaften das Messergebnis dominieren und eine Überlagerung der beiden Anteile wahrscheinlich ist. Durch die Anreicherungsschicht (InN) bzw. Verarmungsschicht (GaN) von Elektronen an der Oberfläche ist dies bei Nitriden ein signifikanter Effekt. Desweiteren hängen die durch das Fermi-Level-Pinning verursachten elektrischen Felder vom Durchmesser ab. Während bei Schichten je nach Eindringtiefe der Messmethode das Signal aus der Oberfläche des Kristalls, aus dem Volumen des Kristalls oder der Grenzschicht zum Substrat oder gar dem Substrat selbst herrührt, ist bei Nanodrähten das Substrat im Normalfall immer im Messvolumen vorhanden. Zum Nachweis der Si-Dotierung wurden SIMS-, PL- und Ramanmessungen benutzt.

Sekundärionen-Massenspektroskopie

Bei der Sekundärionen-Massenspektroskopie (SIMS) wird mittels eines Sputtergases (in diesem Fall O_2) das zu untersuchende Material flächig abgetragen und anschließend per Massenspektrometer analysiert. Dadurch erhält man die atomare Zusammensetzung des Materials in Abhängigkeit von der Tiefe. Da beim Sputtervorgang an den Rändern Schrägen entstehen, die das Messsignal verfälschen würden, wird im ersten Schritt großflächig (300 μm x 300 μm) eine Lage abgetragen und anschließend in einer kleineren Fläche (100 μm x 100 μm) mit geringerer Abtragung die Messung vorgenommen.

3.2 Si-Dotierung von InN Nanodrähten

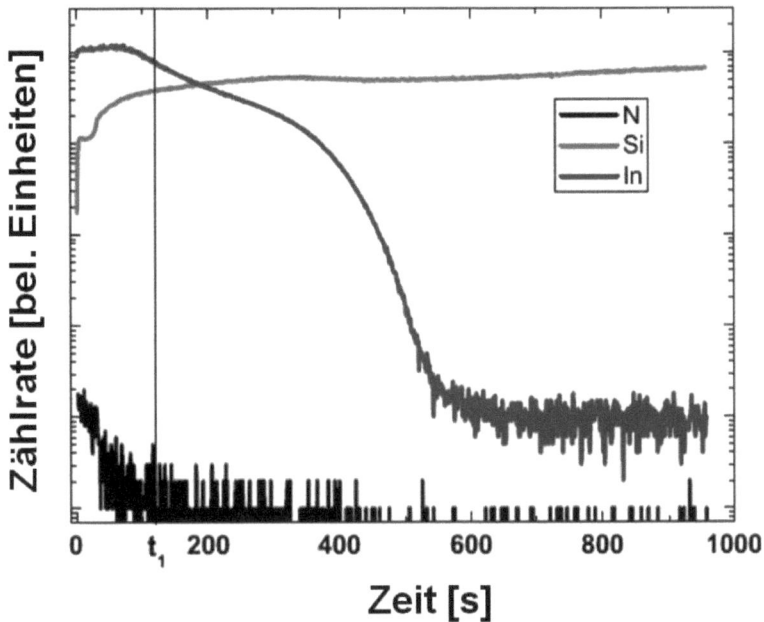

(a) Zeitlicher Verlauf der SIMS-Signal für In-, N- und Si-Atome.

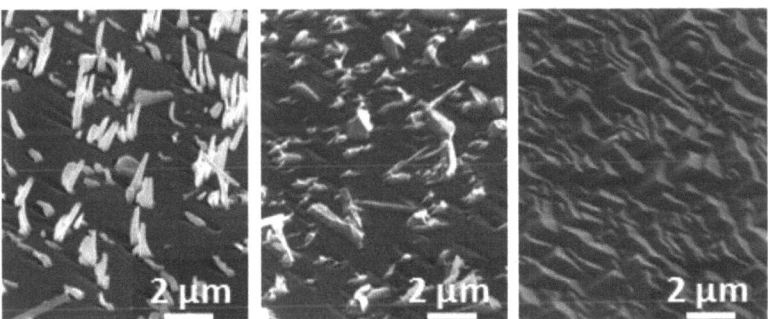

(b) SEM-Bilder vor, nach $t_1 = 120s$ und nach der SIMS-Messung.

Abbildung 3.8: SIMS von Si-dotierten InN-Nanodrähten.

3 Dotierung von Nanodrähten

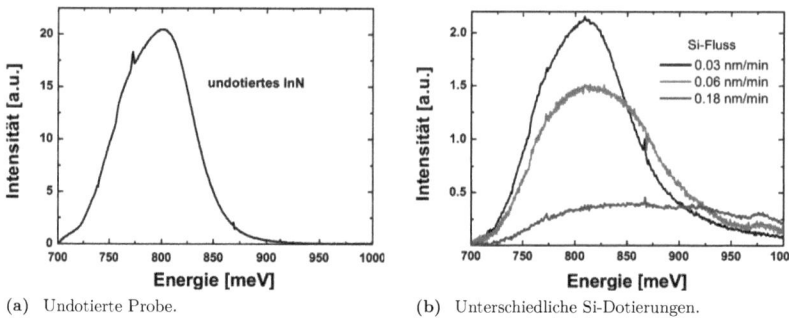

(a) Undotierte Probe. (b) Unterschiedliche Si-Dotierungen.

Abbildung 3.9: Photolumineszenzspektren von InN-Nanodrähten.

Eine SIMS-Messung an Si-dotierten InN-Nanodrähten ist in Abb. 3.8a dargestellt. Das Signal für Si (Abb. 3.8a, rote Kurve) steigt zunächst steil an und läuft in eine Sättigung, wo es nur noch schwach ansteigt. Im Gegensatz dazu fallen In und N (Abb. 3.8a, blaue und schwarze Kurve) ab. Dies lässt sich dadurch erklären, dass durch den Abbau von InN die Signale von In und N abfallen, bis das gesamte InN abgetragen wurde. Da die Nanodrähte auf Si(111) gewachsen wurden, befindet sich Si ebenfalls im Substrat, sodass dementsprechend der Anteil des Materials, welches vom Substrat abgetragen wird, ansteigt, die Intensität des Si-Signals höher wird und in die Sättigung läuft. Da bei der Messung das Material flächig abgetragen wird, und dementsprechend neben den Nanodrähten auch die Schicht dazwischen beinflusst werden könnte, wurden vor der Messung, nach $t_1 = 120$ s und am Ende der Messung SEM-Bilder der Probe aufgenommen, dargestellt in Abb. 3.8b. Bereits nach 120 s sind signifikante Abtragungen der InN-Nanodrähte zu erkennen. In dem Bereich zwischen den Drähten ist noch deutlich die durch die Abschattung der Nanodrähte hervorgerufene Struktur vorhanden, wobei es nicht eindeutig ist, ob dies die gewachsene Schicht ist, oder die Topologie der Schicht durch das Sputtern in das Si-Substrat übertragen wurde. Dadurch lässt sich keine eindeutige Zuordnung des Messsignals zu den Nanodrähten, bzw. der Schicht, vornehmen und somit auch keine Aussage über die Dotierung der Nanodrähte treffen. Da die rapide Änderung des Si-Signals zeitlich vor dem Abfall des In-Signals liegt, scheint die Ursache des Abfalls in den unterschiedlichen Strukturen (Nanodrähte / Schicht) zu liegen. Unter den angewandten Wachstumsbedingungen können nur InN-Nanodrähte wachsen, während der Si-Fluss nicht ausreicht, um Si-Nanodrähte in der Größe zu erzeugen. Daher liegt die Annahme nahe, dass das In-Signal zum größten Teil aus den Nanodrähten herrührt, während das Si-Signal durch die Schicht gegeben ist. Betrachtet man das N-Signal, so scheint trotz des Rauschens der Abfall zeitlich korreliert mit dem Si-Signal zu sein. Daraus lässt sich interpretieren, dass die Schicht einen hohen N- und Si-Anteil hat, während auf Grund des hohen Signals aus den Nanodrähten für In keine Aussage getroffen werden kann.

Photolumineszenzmessungen

Wie in Abschnitt 2.3.2 beschrieben, werden bei der Photolumineszenzmessung mittels eines Laserstrahls mit Anregunsenergien, die größer sind als die Bandlücke, freie Elektron-Lochpaare erzeugt, die dann über verschiedene Kanäle rekombinieren können. Wird das durch die Rekombination ausgestrahlte Licht detektiert, lassen sich darüber Rückschlüsse auf die optoelektronischen Eigenschaften des Materials ziehen.

In Abb. 3.9 sind PL-Spektren von InN-Nanodrähten mit unterschiedlich hohen Dotierungen dargestellt. Im Vergleich zu undotierten InN-Nanodrähten (Abb. 3.9a) ist die Lichtintensität bei der geringsten Si-Dotierung von $\phi_{Si} = 0.03$ nm/min (Abb. 3.9b, schwarze Kurve) bereits um eine Größenordnung kleiner. Wird die Dotierung weiter bis auf $\phi_{Si} = 0.18$ nm/min (Abb. 3.9b, blaue Kurve) erhöht, nimmt die Intensität weiter ab. Die Reduktion der Intensität lässt sich durch zwei Phänomene erklären. Einmal können die Si-Atome Defekte induzieren, die als nicht-strahlende Rekombinationszentren die Leuchteffizienz verringern [118]. Desweiteren kann durch hohe Ladungsträgerkonzentrationen die nichtstrahlende Auger-Rekombination signifikant zunehmen, was ein Hinweis auf eine Erhöhung der Ladungsträgerkonzentration und somit eine erfolgreiche Dotierung ist.

Ramanmessungen

In Abb. 3.10 sind Ensemble- und Einzeldraht-Ramanspektren von undotierten und Si-dotierten InN-Nanodrähten dargestellt. Da die Ensemble-Ramanspektren (3.10c) an Nanodrähten auf dem Si-Substrat gemessen wurden, dominiert der Si-Peak bei 520 cm^{-1} der bei den auf Graphit ausgestreuten Einzeldrähten in Abb. 3.10d nicht vorhanden ist. Neben dem Si-Peak lassen sich mehrere Peaks identifizieren, die nach Literaturwerten([119], gestrichelte Linien) InN zugeordnet werden können: E_2^H bei 487 cm^{-1}, A_1(TO) bei 450 cm^{-1} und in dem Spektralbereich von A_1(LO) bzw. E_1(LO) bei 596 cm^{-1}. Durch die komplexen Streumechanismen in InN-Nanodrähten kann der Peak bei 596 cm^{-1} nicht eindeutig zugeordnet werden und wird im folgenden nur LO genannt. Die geringe Breite des E_2^H ist direkt mit der Unordnung des Materials korreliert und ist daher ein Maß für die kristalline Qualität des Halbleiters. Im undotierten Fall erhält man sowohl für Ensemble- als auch für Einzeldrahtmessungen eine Halbwertsbreite des E_2^H zwischen 4 - 8 cm^{-1}, die auch bei einer Dotierung mit Si erhalten bleibt und in Korrelation mit den HRTEM-Bildern in Abschnitt 3.5 eine gute kristalline Qualität ausdrückt. Betrachtet man den LO-Peak genauer, so stellt man fest, dass dieser bei Dotierung mit Si eine ausgedehnte Schulter zu niedrigen Wellenzahlen hin ausbildet, die mit zunehmender Dotierung an Intensität zunimmt. Dieser Effekt wurde auch bei InN-Schichten mit hohen Ladungsträgerkonzentrationen festgestellt [120, 121] und ist damit ein Nachweis für die Erhöhung der Ladungsträgerkonzentration durch die Si-Dotierung. Daneben sei noch erwähnt dass im Rahmen einer Kollaboration mit Cusco *et al.* ein direkter Nachweis der Erhöhung der Ladungsträgerkonzentration mittels Ramanmessungen erbracht wurde.

3.2.4 Zusammenfassung und Diskussion

In diesem Abschnitt wurde der Einfluss der Si-Dotierung auf das Wachstum von InN-Nanodrähte untersucht. Dazu wurden Wachstumsserien zum Si-Fluss, der Substrattemperatur, des In-Flusses sowie für unterschiedliche Wachstumszeiten durchgeführt. Es konnte für einen zunehmenden Si Fluss eine signifikante Verbesserung der Homogenität in Bezug auf Durchmesser und Länge beobachtet werden. Durch die Variation der Substrattemperatur und des In-Flusses konnte ein Bereich identifiziert werden, der trotz einer Substrattemperatur oberhalb des Wachstumsfensters für undotierte Drähte eine verbesserte Nanodrahtmorphologie aufweist. Bei einer Verdoppelung der Wachstumszeit von $t_{Wac} = 2$ h auf $t_{Wac} = 4$ h konnten nahezu stapelfehlerfreie InN Nanodrähte hergestellt werden,

3 Dotierung von Nanodrähten

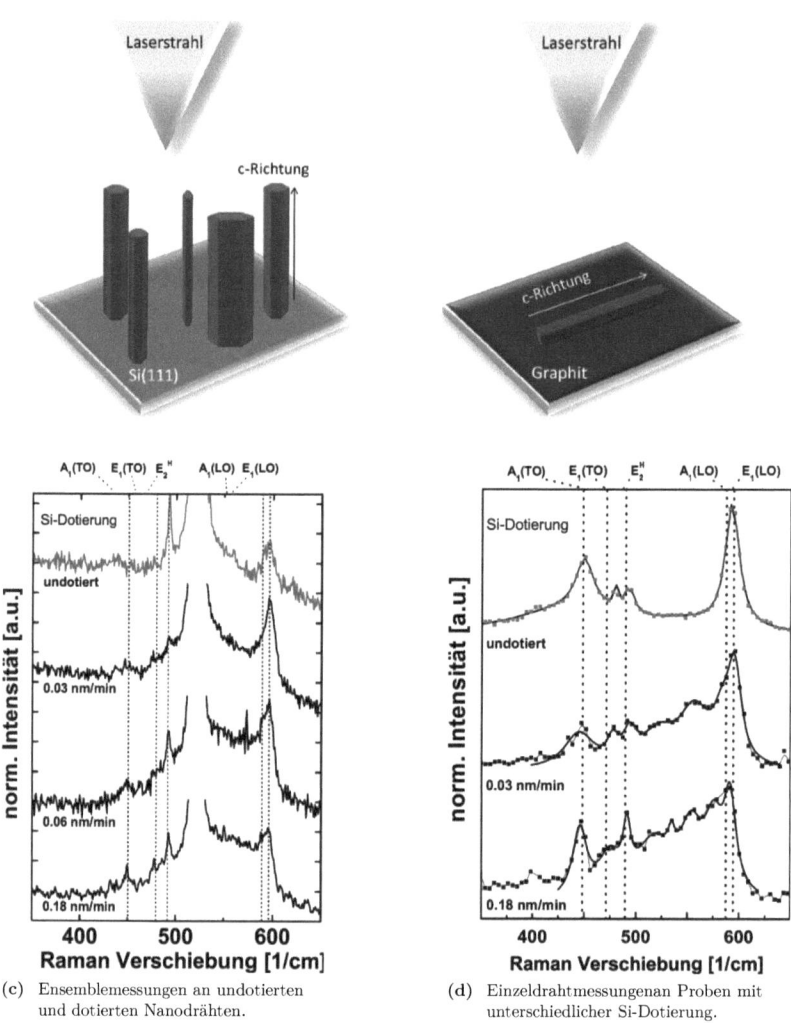

(c) Ensemblemessungen an undotierten und dotierten Nanodrähten.

(d) Einzeldrahtmessungen an Proben mit unterschiedlicher Si-Dotierung.

Abbildung 3.10: Ramanspektroskopie an undotierten und dotierten InN-Nanodrähten.

die bei einem Aspektverhältnis von 14 glatte Seitenfacetten mit homogenem Durchmesser besitzen.

Um den zu Grunde liegenden, physikalischen Prozess dieser Verbesserung der Homogenität zu verstehen ist es wichtig zu wissen, dass bei den für das Nanodrahtwachstum typischen Substrattemperaturen (T_{Sub} = 430 – 500 °C) eine Dekomposition des InN-Kristalls stattfindet [122], der das Wachstum bei hohen Temperaturen limitiert. Dabei wird zunächst das N-Atom aus dem Kristall gelöst und desorbiert, während das In an der Oberfläche verbleibt. Erst bei höheren Temperaturen (über T_{Sub} = 470 °C) setzt die Desorption von In ein. Durch die höhere Dekomposition von m- [123] im Vergleich zur c-Oberfläche lässt sich die unförmige Kristallitbildung für das undotierte Wachstum verstehen. Durch den Vergleich der Bindungsenergie von InN (1.93 eV)[124] mit der von Si_3N_4 (8 eV) [125] bzw. der Standardbildungsenthalpie von In-N (0.58 eV) mit Si-N (1.36 eV) bietet sich eine Erklärungsmöglichkeit für die Erweiterung des Wachstumsfensters zu hohen Temperaturen. Wird Si in den Kristall eingebaut erhöht sich die thermische Stabilität, da der N auf Grund der höheren Bindungsenergie zum Si mit einer geringeren Wahrscheinlichkeit dekomponiert und desorbiert. Da zunächst der prozentuale Anteil der Dotieratome gering ist, findet weiterhin eine Dekomposition statt, jedoch reichert sich mit der Zeit Si an der Oberfläche weiter an und stabilisiert sie. Da insbesondere im oberen Teil des Nanodrahtes der Si-Anteil noch nicht in der Sättigung ist, wird durch die Dekomposition eine starke Verbreiterung des Drahtes zur Spitze hin verhindert.

Neben dem direkten Einbau in die Nanodrähte führt die Si-Dotierung zu Schichtwachstum auf dem Substrat, der ebenfalls einen positiven Einfluss auf das Wachstum haben kann. Durch das beobachtete Zusammenwachsen der Schicht wird die Nukleation weitere Nanodrähte unterdrückt und Inhomogenitäten durch verschiedene Nukleationszeiten verhindert.

Während die SIMS-Messungen an Si-dotierten InN-Nanodrähte auf Grund der unklaren geometrischen Verhältnisse keinen Erfolg zeigten, konnte der Nachweis der Si-Dotierung mit optischen Methoden erbracht werden. In der PL-Spektroskopie ließ sich eine Intensitätsabnahme beobachten. Es liegt die Vermutung nahe, dass die Verringerung der Leuchtintensität durch eine erhöhte Auger-Rekombination hervorgerufen wird, welches ein Anzeichen einer erhöhten Ladungsträgerkonzentration und dementsprechend einer erfolgreichen Dotierung ist. Daneben konnte mit Ensemble- und Einzeldraht-Ramanmessungen neben einer hervorragenden kristallinen Qualität an Hand des E_2^H-Peaks eine niederenergetische Schulter des LO-Phononpeaks beobachtet werden, die in der Literatur einer Erhöhung der Ladungsträgerkonzentration zugeschrieben wird.

3.3 Mg-Dotierung von InN Nanodrähten

Während bei der Si-Dotierung eine nachweisliche Erhöhung der Ladungsträgerkonzentration bereits früh nachgewiesen werden konnte [112], wurde bei Mg-dotierten Schichten erst sieben Jahre nach den ersten Publikationen zur Mg-Dotierung 1999 [126] der Nachweis der p-Typ Dotierung erbracht [127, 128, 129]. In den Folgejahren (2007-2010) stieg die Zahl der Publikation zu Mg-dotierten InN-Schichten rapide an (ca. 50). Durch die Schwierigkeit der Herstellung und des Nachweises der p-Dotierung ist das Wachstum von Mg-dotiertem InN jedoch noch wenig untersucht [130, 131], während die Dotierung von InN Nanodrähten mittels Mg bisher in der Literatur noch nicht vorhanden und daher Neuland ist.

3 Dotierung von Nanodrähten

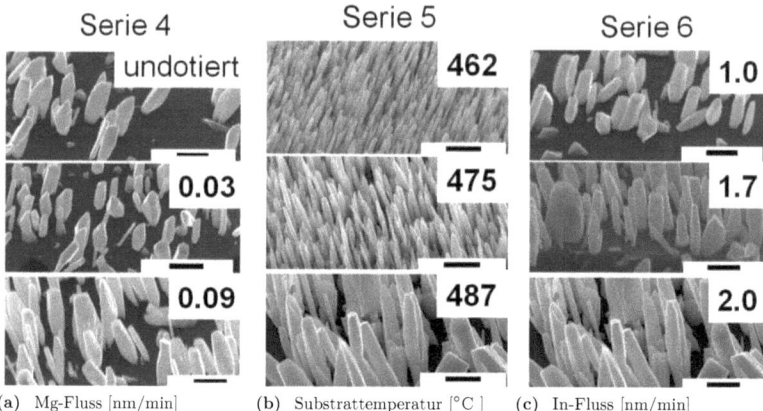

(a) Mg-Fluss [nm/min] (b) Substrattemperatur [°C] (c) In-Fluss [nm/min]

Abbildung 3.11: SEM-Aufnahmen der drei Wachstumsserien. Skala entspricht 500 nm.

3.3.1 Einfluss der Wachstumsparameter auf die Morphologie

Vergleichbar zum vorigen Abschnitt 3.2.1 wurden zunächst die einzelnen Wachstumsparameter (Mg-Fluss, Substrattemperatur und In-Fluss) untersucht. Dazu wurden Serien von Proben, in dem ein Parameter variiert wurde, hergestellt, während die weiteren Parameter konstant gehalten wurden.

Mg-Fluss

In der ersten Serie (siehe Abb. 3.11) wurde der Einfluss des Mg auf das Wachstum der InN-Nanodrähte untersucht. Auf Grund der Ergebnisse der Untersuchung des Wachstums zur Si-Dotierung wurden die Wachstumsparameter auf die für Si-Dotierung optimierten Werte von $T_{Sub} = 494\,°C$, $\phi_{In} = 1.0$ nm/min und $\phi_N = 18$ nm/min festgelegt. Der Mg-Fluss wurde während des zweistündigen Wachstums von **0** (undotiert) bis $\phi_{Mg} = 0.12$ nm/min variiert. In Abb. 3.11, linke Spalte, sind die SEM-Bilder zu der Serie mit variierenden Mg-Flüssen von $\phi_{Mg} = 0, 0.03$ und 0.09 nm/min dargestellt. Vergleicht man die drei Bilder so stellt man fest, dass sowohl die Dichte, als auch die Länge und der Durchmesser im Rahmen der normalen Fluktuation konstant bleiben und der Verdacht nahe liegt, dass die Dotierung keinen Einfluss auf die Morphologie haben könnte. Um dies komplett auszuschließen, wurde noch die Substrattemperatur und der In-Fluss untersucht.

Substrattemperatur

Zur weiteren Untersuchung des Einflusses der Substrattemperatur auf Mg-dotierte InN Nanodrähte wurde der höchste Mg-Fluss von $\phi_{Mg} = 0.09$ nm/min und ein In-Fluss von $\phi_{In} = 2$ nm/min gewählt, die Substrattemperatur wurde zwischen $T_{Sub} = 462 - 487\,°C$ variiert. Für die niedrigste Temperatur von $T_{Sub} = 462\,°C$ besitzen die Nanodrähte eine hohe Dichte bei einer für die Wachstumsparameter typischen Länge und Durchmesser. Bei

3.3 Mg-Dotierung von InN Nanodrähten

einer Erhöhung der Temperatur auf $T_{Sub} = 475\,°C$ respektive $T_{Sub} = 487\,°C$ nimmt, wie im undotierten Fall, die Dichte ab, während der Durchmesser leicht zunimmt, die Länge bleibt nahezu konstant. Auch für die Substrattemperatur lässt sich kein Einfluss der Mg-Dotierung auf die Morphologie feststellen.

In-Fluss

Als letzter Parameter wurde der In-Fluss in einem Bereich von $\phi_{In} = 1 - 2\,\mathrm{nm/min}$ bei einem maximalen Mg-Fluss von $\phi_{Mg} = 0.09\,\mathrm{nm/min}$ und einer Substrattemperatur von $T_{Sub} = 487\,°C$ variiert. Für einen zunehmenden In-Fluss in dem angegebenem Bereich nimmt die Länge der Nanodrähte bei nahezu gleichbleibender Dichte deutlich zu, während der Durchmesser nur für den höchsten In-Fluss leicht ansteigt. Auch bei der Änderung des In-Flusses lässt sich kein Einfluss der Mg-Dotierung auf die Morphologie feststellen.

3.3.2 Nachweis der Mg-Dotierung

Für den Nachweis der Dotierung wurden in dieser Arbeit PL-, Raman- und Transportmessungen durchgeführt. Es sei nochmal daran erinnert, dass durch die intrinsische Anreicherungsschicht von Elektronen an der Oberfläche der InN-Nanodrähte die Detektion der p-Typ-Dotierung schwierig ist, da durch das große Oberfläche- zu Volumenverhältnis die Oberfläche die Messungen dominiert und das darunterliegende Volumenmaterial schwierig zu detektieren ist.

Photolumineszenzmessungen an Mg-dotierten InN-Nanodrähten

In Abb. 3.12a sind PL-Spektren von undotierten und Mg-dotierten InN-Nanodrähten abgebildet. Im Unterschied zu Si-dotierten lässt sich für Mg-dotierte InN-Nanodrähte keine klare Tendenz der PL-Eigenschaften feststellen. Während die Intensität der Peaks mit der Variation des Mg-Flusses schwankt, sind die Peakbreite und -position nahezu konstant. In der Literatur ist ein ähnliches Verhalten für Mg-dotierte InN-Schichten beobachtet worden [132, 98]. Es konnten jedoch immer zwei Peaks mit unterschiedlichen Peakenergien festgestellt werden, die dem Band-zu-Band-Übergang bzw. dem Akzeptor-Band-Übergang zugeordnet wurden. Für die Mg-dotierten InN-Nanodrähte hier ist nur ein Peak vorhanden, sodass dies keine direkten Rückschlüsse auf die Dotierung ermöglicht.

Ramanmessungen

In Abb. 3.12b sind Ramanspektren an Einzeldrähten für unterschiedliche Mg-Dotierungen (1 und $3 \cdot 10^{-8}$ mbar) dargestellt. Auch hier lässt sich vergleichbar mit den PL-Messungen keine signifikante Änderung des Spektrums im Vergleich zum undotierten Fall erkennen. Lediglich der LO-Peak verringert seine Halbwertsbreite von $16\,\mathrm{cm}^{-1}$ auf $10\,\mathrm{cm}^{-1}$ für mittlere und hohe Dotierkonzentrationen. Artus *et al.* haben ebenfalls Ramanuntersuchungen an denselben Mg-dotierten InN Nanodrähten „as-grown", das bedeutet, dass die Nanodrähte auf dem ursprünglich Substrat ohne Präparation untersucht werden, durchgeführt [133]. Dabei wurden die Proben mit einem UV-Laser angeregt, sodass das rückgestreute Signal auf Grund der hohen Absorption ein geringeres Signal des Si-Substrates beinhaltet. Neben der Verschiebung der Phonon-Plasmon-gekoppelten Mode bei einer Variation des Mg-Flusses, die durch die Ladungsträgerkonzentration gegeben ist und somit eine Reduktion der Hintergrunddotierung nachweist, wurde eine drastische Abnahme der E1(LO)-Mode festgestellt. Diese Beobachtung wurde auf die resonante Anregung der E1(LO)-Mode mit

3 Dotierung von Nanodrähten

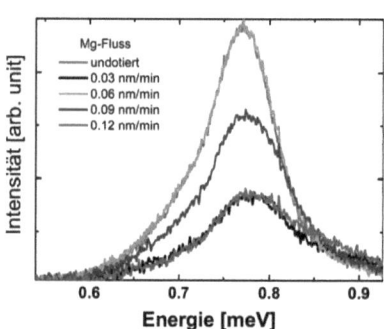

(a) PL-Messungen an undotierten und Mg-dotierten Nanodrähten.

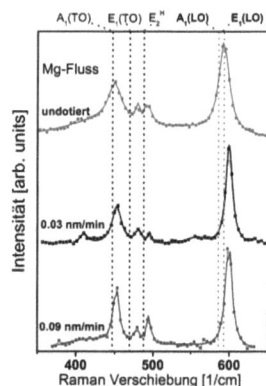

(b) Einzeldrahtmessungen an Proben mit unterschiedlicher Mg-Dotierung.

Abbildung 3.12: Optische Spektroskopie an un- und Mg-dotierten InN-Nano-drähten.

der Oberflächenanreicherungsschicht für größere Werte der Anregungswellenlänge erklärt, die bei einer UV-Anregung nicht vorliegt. Die Ursache der hier beobachteten Verringerung der Halbwertsbreite der E1(LO)-Mode muss also mit einem Effekt an der Oberfläche oder nahe der Oberfläche zu tun haben. Eine Möglichkeit wäre, dass durch die Mg-Dotierung die Homogenität der Kristallstruktur verbessert wird und somit eine allgemeine Verringerung der Halbwertsbreite der auftretenden Ramanmoden beobachten werden müsste. Eine andere Möglichkeit wäre, dass durch die Mg-Dotierung die Ladungsträgerkonzentration an der Oberfläche abnimmt und sich damit die radiale Ausdehnung der Oberflächenschicht sinkt. Eine dritte Möglichkeit wäre, dass die Ladungsträgerkonzentration konstant bleibt, sich jedoch auf Grund der Reduzierung der Ladungsträger im Inneren des Nanodrahtes und die daraus resultierende Bandverschiebung die radiale Ausdehnung der Oberflächenanreicherungsschicht sich verringert. Einen eindeutigen Beweis für eine der drei Theorien lässt sich mit den gegebenen Daten nicht finden. Gegen die erste Theorie spricht, dass bisher noch keine Verbesserung der Kristallqualität für eine Dotierung mit Mg beobachtet wurde. Auf Grund der extrem hohen Verschiebung der Bänder an der Oberfläche und der daraus resultierenden hohen Dichte an Ladungsträgern ist die zweite Theorie ebenfalls eher unwahrscheinlich. Am wahrscheinlichsten ist auf Grund des Nachweises der Reduktion der freien Ladungsträger im Inneren des Kristalls die Verschiebung der Bänder und damit eine Verkleinerung der räumlichen Ausdehnung der Oberflächenanreicherungszone. Dadurch ist die Wahrscheinlichkeit, dass sich Defekte innerhalb der Oberflächenanreicherungszone vorhanden sind, verringert und die Halbwertsbreite nimmt ab.

Transportmessungen

In diesem Unterabschnitt sollen die Transporteigenschaften der InN-Nanodrähte untersucht werden. Zu diesem Zweck wurden die Drähte mit einem aufwendigen Prozess gestreut und kontaktiert. Dazu wird jeder Nanodraht mit zwei individuellen Metallkontakten ver-

3.3 Mg-Dotierung von InN Nanodrähten

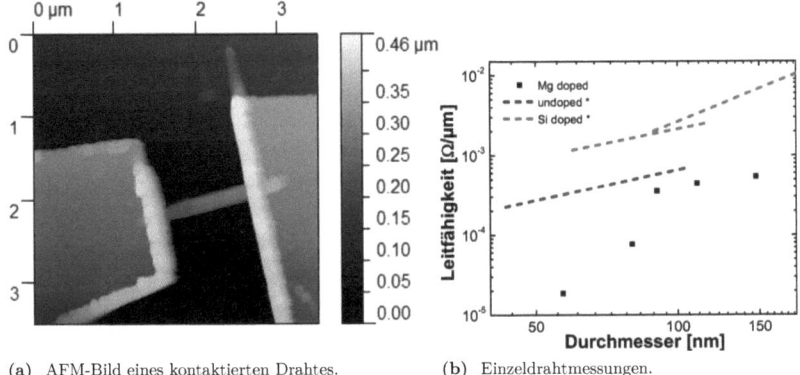

(a) AFM-Bild eines kontaktierten Drahtes. (b) Einzeldrahtmessungen.

Abbildung 3.13: Elektrische Transportmessungen an Mg-dotierten InN-Nanodrähten. Die Daten mit (*) sind von Richter *et al.* aus [109].

sehen, was eine Anpassung des Kontaktierungsdesigns, die mit der Software „AutoCAD" angefertig wurde, für jede Probe notwendig macht. Anschließend wird das Design in den EL-Lack geschrieben, dieser entwickelt und eine Goldschicht mit einer 5 nm dicken Cr-Haftungsschicht deponiert. Über einen Lift-Off-Prozess (Entfernung des Lackes und damit der Goldschicht auf den nichtbeschriebenen Bereichen) und einer anschließend Verdrahtung (Bonding) kann die Probe in eine Messstation eingebaut und gemessen werden.

Zur Bestimmung des spezifischen Leitwerts σ der Nanodrähte wurde die Länge und der Durchmesser des Drahtes anhand von AFM-Bilder der kontaktierten Einzeldrähte bestimmt (siehe Abb. 3.13a). Die Länge des Drahtes entspricht dabei dem Abstand der beiden Goldkontakte, während der Durchmesser äquivalent der Höhe des Drahtes ist, die aus dem Höhenprofil des AFM-Bildes bestimmt wurde. Da die Prozessierung und Messung sehr aufwändig ist, wurde nur die Probe mit der höchsten Mg-Dotierung kontaktiert und gemessen.

In Abb. 3.13b ist σ über dem Durchmesser für Mg-dotierte, undotierte und Si-dotierte Nanodrähte aufgetragen (die Werte für undotierte und Si-dotierte wurde aus [109] entnommen). Unter der Annahme eines zylindrischen Nanodrahtes ergibt sich für den Leitwert (R: Widerstand, l: Länge des Nanodrahtes, ρ: spezifischer Widerstand, A: Querschnittsfläche des leitenden Bereichs):

$$\sigma = \frac{R}{l} = \rho/A \qquad (3.1)$$
$$A \propto \pi \cdot r^2 \qquad \text{Volumentransport} \qquad (3.2)$$
$$A \propto 2\pi \cdot r \qquad \text{Oberflaechentransport} \qquad (3.3)$$

Daraus ergibt sich, dass σ, falls der elektrische Transport im Volumen stattfindet quadratisch mit dem Durchmesser ansteigen sollte, während bei einem Transport durch die Oberfläche ein linearer Zusammenhang besteht. Für die un- bzw. Si-dotierten InN-Nanodrähten wurde für kleine Durchmesser ein rein Oberflächen-basierender Transport festgestellt, der erst bei Nanodrahtdurchmessern größer als 100 nm in einen Volumentransport übergeht. Für die Mg-dotierten Nanodrähte steigt dagegen der spezifische Leitwert drastisch an, be-

3 Dotierung von Nanodrähten

vor er in einen Oberflächentransport übergeht. Auf Grund der geringeren Anzahl der Messungen ist eine statistisch belegbare Aussage nicht möglich. Tendenziell scheint jedoch für sehr dünne Nanodrähte (unter 100 nm) σ stärker anzusteigen, als es für die oben diskutierten Fälle des Volumen- oder Oberflächentransports vorhergesagt ist. Da bei Durchmessern von Mg-dotierten Nanodrähten oberhalb von 100 nm lediglich Oberflächentransport der dominierende Prozess ist, lässt sich auch für kleinere Durchmesser ein Volumentransport ausschließen. Da der spezifische Leitwert für Nanodrahtdurchmesser größer als 100 nm unterhalb des Wertes für undotierte Nanodrähte liegt, scheint eine leichte Kompensation der Ladungsträger vorzuliegen, die die Steilheit der Bandverbiegung zu den Oberflächen, und damit die internen, elektrischen Felder vergrößern sollte. Wird nun der Durchmesser verringert, führt dies ebenfalls zu einer Erhöhung der Steilheit der Bänder, sodass der beobachtete Abfall des spezifischen Leitwerts zu kleinen Nanodrahtdurchmessern mit einer Relokalisierung der Ladungsträger in die Oberflächenzustände erklärt werden könnte.

3.3.3 Zusammenfassung und Diskussion

In diesem Abschnitt wurde der Einfluss der Mg-Dotierung auf die Morphologie von InN-Nanodrähte untersucht. Dabei konnte keine Veränderung der Morphologie im Vergleich zum undotiert Wachstum festgestellt werden. Im Vergleich zu Si_3N_4 mit einer Bindungsenergie von 8 eV besitzt Mg_3N_2 lediglich eine Bindungsenergie von 4.8 eV [134], sodass die Vermutung nahe liegt, dass auch die Standardbildungsenthalpie von Mg-N weitaus niedriger ist als die von Si-N und somit keine stabilisierende Wirkung auf den Kristall ausübt. Um sicherzugehen, dass das Mg tatsächlich in den Kristall eingebaut wurde, wurde der Einfluss der Mg-Dotierung auf die optoelektronischen Eigenschaften untersucht. Während die in den PL-Messungen beobachtete Fluktuation der Intensität der Bandkantenlumineszenz keinen direkten Rückschluss auf die erfolgreiche Dotierung geben kann, sind durch die Ramanmessungen erste Hinweise auf eine erfolgreiche Kompensation gegeben, die durch eine Verringerung des spezifischen Leitwerts unterstützt wird.

4 Vorbereitung und Optimierung des selektiven Wachstum von Nanodrähten

Ein Vorteil von Nanodrähten im Vergleich zu heteroepitaktischen, nicht gitterfehlangepassten Schichten ist die Möglichkeit, einen Kristall ohne erweiterte Defekte wie Stapelfehler oder Schraubversetzungen, die bei Schichten typischerweise die kristalline Qualität reduzieren, zu erhalten. Was theoretisch erreichbar ist und an einzelnen Nanodrähten auch gezeigt wurde, ist bei der Betrachtung von selbst-induziert gewachsenen Nanodrähten auf Grund der hohen Dichte der Nanodrähte durch Koaleszenz wieder zerstört, da bei dem Zusammenwachsen von benachbarten Nanodrähten Stapelfehler in diese induziert werden können. Eine Möglichkeit schien lange Zeit die Benutzung von Katalysatoren, wie z.B. Au [135] oder Ni [136], zu sein, die als Tropfen auf die Substratoberfläche aufgebracht wurden, das Wachstum bevorzugt unter den Katalysatoren stattfindet und damit die Position der Nanodrähte vorgegeben ist [135]. Wie in Veröffentlichungen kürzlich gezeigt wurde, werden jedoch durch die Katalysatoren Verunreinigungen in die Nanodrähte eingebaut, die die optischen Eigenschaften der Drähte zum Negativen beeinflussen und damit katalysatorfreies Wachstum wünschenswert ist [137].

In den folgenden Kapiteln soll die Vorbereitung auf das selektive Wachstum von GaN Nanodrähten dargestellt werden, welche eine Kontrolle der Position ermöglicht, ohne zusätzliche Metallverunreinigungen durch Katalysatoren in das Material einzubauen. Dazu wird zunächst die grundlegende Idee des selektiven Wachstums erläutert (Abschnitt 4.1) und ein Überblick über die bisherigen Literaturveröffentlichungen gegeben (Abschnitt 4.2), bevor die Herstellung der Templates (Abschnitt 4.3) beschrieben werden. Anschließend wird der Einfluss der Wachstumsparameter auf das selektive Wachstum von GaN Nanodrähten anhand von Voruntersuchungen an nicht selektiven Nanodrähten (Abschnitt 4.4) und Parametervariation an selektiven Nanodrähten (Abschnitt 4.5) analysiert.

4.1 Die Idee des selektiven Wachstums

Im Jahre 2007 hat die Arbeitsgruppe von R. Calarco bereits gezeigt, dass es zu Beginn des Wachstums eine Phase (Inkubationsphase) gibt, in der zwar Ga- und N-Atome auf dem Substrat eintreffen, jedoch noch kein Wachstum feststellbar ist [52] (siehe Abb. 4.1a). Die Länge dieser Phase ist abhängig von den Wachstumsparametern und wurde kürzlich von Consonni *et al.* eingehend untersucht. Dabei wurde beobachtet, dass die Inkubationszeit exponentiell mit der Substrattemperatur bzw. umgekehrt exponentiell mit dem Ga-Fluss skaliert [58]. Wird nun bei hohen Substrattemperaturen und moderaten bis niedrigen Ga-Flüssen gewachsen, kann die Nukleation auf dem Substratmaterial bis zu mehreren Stunden unterdrückt werden (siehe Abb. 4.1b). Um selektives Wachstum zu erreichen, muss ein Mechanismus genutzt werden, der bei den extremen Wachstumsparametern eine kontrollierte Nukleation auf vorgegebenen Positionen bewirkt und somit dort das Nanodrahtwachstum ermöglicht, während es auf dem Substrat oder einer Maske noch unterdrückt ist.

4 Vorbereitung und Optimierung des selektiven Wachstum von Nanodrähten

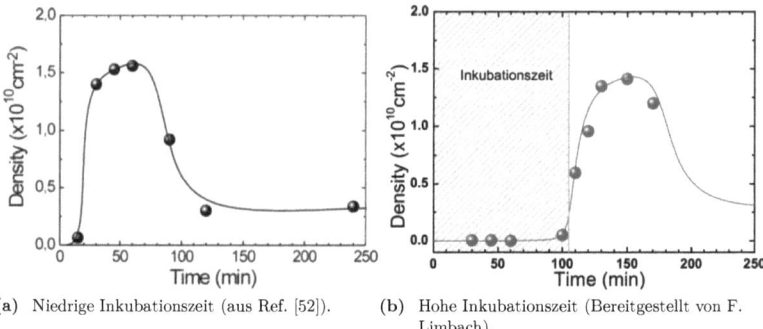

(a) Niedrige Inkubationszeit (aus Ref. [52]).

(b) Hohe Inkubationszeit (Bereitgestellt von F. Limbach).

Abbildung 4.1: Darstellung der Nanodraht-Dichte über der Wachstumszeit für unterschiedliche Inkubationszeiten.

4.2 Literaturdiskussion

Neben diesen Ergebnissen an nicht selektiv gewachsenen Nanodrähten gibt es erst wenige Arbeitsgruppen weltweit, die das selektive Wachstum von GaN Nanodrähten mittels MBE untersuchen. Im Folgenden sollen die bisherigen publizierten Ergebnisse zum selektiven Wachstum, nach Arbeitsgruppen geteilt, aufgezeigt werden und abschließend einen Ausblick auf die Einordnung dieser Arbeit in die Literatur gegeben werden.

Ergebnisse der K. Kishino Arbeitsgruppe Die Gruppe von K. Kishino besitzt dabei die größte Erfahrung, vergleicht man die bisherigen Veröffentlichungen in der Literatur. In den ersten Veröffentlichungen in 2007 - 2008 [138, 139] wurden GaN Nanodrähte selektiv auf Si(111)-Substraten mittels AlN-Inseln gewachsen und dabei sowohl Wachstum auf dem Substrat, als auch bei hinreichendem Durchmesser auf den AlN-Inseln beobachtet. Dabei konnten sie um die AlN-Inseln einen Bereich erkennen, auf dem kein Wachstum stattfand, während auf den freien Flächen ohne AlN-Inseln selbstinduzierte GaN Nanodrähte gewachsen wurden. Sie erklärten dieses Phänomen mit der Diffusion von Ga-Atomen zu den AlN-Inseln, die eine bevorzugte Nukleation von GaN-Nanodrähten aufweisen, wobei die genaue Ursache der bevorzugten Nukleation nicht weiter diskutiert wurde. Desweiteren beobachteten sie, dass die Nanodrähte für kleine Inseldurchmesser am Rand der Inseln nukleieren und als Ring zusammenwachsen. Desweiteren wurde das selektive Wachstum auf Si(111) mittels einer Ti-Maske untersucht ([140]) und ebenfalls selektives Wachstum in den Öffnungen der Maske beobachtet.

In den Folgejahren publizierten die Arbeitsgruppe ausschließlich über das homoepitaktische Wachstum auf GaN-Templates mittels einer Ti-Maske. Aus den in die Maske geätzten Löchern wuchsen selektiv GaN Nanodrähte, die ebenfalls Einflüsse der Diffusion auf dem Substrat aufzeigten [141, 142]. Neben diesen grundlegenden Beobachtungen wurde der Schwerpunkt auf das Wachstum von LED- und Laser-Strukturen gelegt [143, 144, 145, 146, 147].

Ergebnisse der E. Calleja Arbeitsgruppe Im gleichen Jahr wie K. Kishino *et al.* publizierte die Gruppe von E. Calleja einen Übersichtsartikel [148], in dem in einem Abschnitt über das selektive Wachstum berichtet wurde. Zum Erreichen der Selektivität wurde eine SiO_x-Maske auf den Si-Substraten deponiert, die nach dem GaN Wachstum ex-situ mittels nass-chemischen Ätzverfahren entfernt wurde. Dabei beobachteten sie, dass mehrere Nanodrähte in den Löchern nukleierten, die lateral über die Lochgrenze herausgewachsen sind. Zu den Wachstumsmechanismen wurden jedoch keine Angaben gemacht.

Ergebnisse der K. Bertness Arbeitsgruppe Bertness *et. al.* haben erst kürzlich einen Artikel veröffentlicht [149], in dem sie AlN-gepufferte Si(111) Substrate mit einer SiN_x-Schicht benutzten, in die Löcher mit Durchmessern zwischen 300 und 3000 nm geätzt wurden. Unter Wachstumsbedingungen, bei denen parasitäres Wachstum auftritt, beobachteten sie keine Bereiche um die aus den Löchern gewachsenen GaN-Kristallen, die frei von parasitärem Wachstum sind. Demzufolge schlossen sie daraus, dass keine Diffusion von Ga-Atomen auf der SiN_x-Maske stattfindet. Im Gegensatz dazu wurde die Selektivität zwischen Maske und Substrat mit unterschiedlichen Haftungskoeffizienten der Ga-Adatome erklärt, da nur 10 - 20 % des eintreffenden Materials in die selektiv gewachsenen Nanodrähte eingebaut wurden. Dementsprechend wird das auf der Maske eintreffende Ga komplett wieder desorbiert, während auf den Öffnungen in der Maske und dem darauf wachsenden GaN ein Teil eingebaut wird. Welches dieser beiden Mechanismen das selektive Wachstum maßgeblich beeinflusst, ist schwer zu bestimmen und hängt sehr wahrscheinlich stark von den gewählten Wachstumsparametern und der Qualität der Maske ab.

Ausblick auf die Arbeit Während in der bisherigen Literatur auf Grund der schwierigen Umsetzung nur allgemein über eine Variation der Wachstumsparameter und die generelle Machbarkeit des selektiven Wachstums diskutiert wurde, soll in dieser Arbeit das Verständnis über den Einfluss und eine Eingrenzung der Wachstumsparameter für das selektive Wachstum diskutiert werden. Desweiteren wird die Nukleation der Nanodrähte eingehend untersucht und ein neuer Erklärungsansatz zur bevorzugten Nukleation gegeben, der jedoch nicht im direkten Widerspruch zu den bisherigen Ergebnissen in der Literatur steht. Neben der Nukleation ist die Diffusion ein wichtiger Mechanismus während des selektiven Wachstums, der anknüpfend an die Untersuchungen von Kishino *et al.* tiefergehend beleuchtet und sowohl experimentell, als auch theoretisch untersucht wird. Die Dekomposition von GaN während des Wachstums bei hohen Substrattemperaturen wurde bisher noch nicht untersucht und wird anhand der Desorption von Ga an nicht selektiv gewachsenen Nanodrähten untersucht um daraus Rückschlüsse auf das selektive Wachstum zu ziehen.

4.3 Präparation der Substrate für das selektive Wachstum

In diesem Abschnitt wird die Prozessierung der in dieser Arbeit verwendeten Si-Substrate beschrieben. Dabei wurden verschiedene Materialien (Si, SiO_x, AlN), Morphologien (Inseln und Löcher) und Strukturgrößen (Periode: **300 − 3000 nm**, nomineller Durchmesser: **5 − 300 nm**) benutzt. Eine Unterteilung nach der Struktur sieht folgendermaßen aus:

(i) Löcher in einer unbehandelten Si(111)-Oberfläche

(ii) Löcher in einer SiO_x-Maske auf Si(111)

(iii) AlN-Inseln auf Si(111)

(iv) Löcher in einer SiO_x auf AlN-gepuffertem Si(111)

4 Vorbereitung und Optimierung des selektiven Wachstum von Nanodrähten

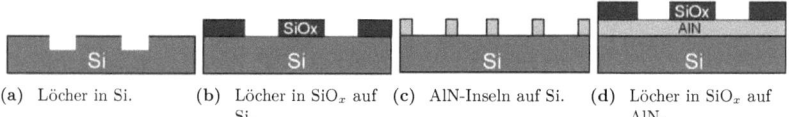

(a) Löcher in Si. (b) Löcher in SiO$_x$ auf Si. (c) AlN-Inseln auf Si. (d) Löcher in SiO$_x$ auf AlN.

Abbildung 4.2: Schematische Darstellung der unterschiedlichen Substrattypen.

Typ	Hersteller	Struktur	Pufferschicht	Maske
i	PDI	Löcher	keine	keine
ii	AMO	Löcher	keine	gesputtertes SiO$_x$
iii	AMO	AlN-Inseln	gesputtertes AlN	keine
iv	AMO	Löcher	gesputtertes AlN	gesputtertes SiO$_x$
v	PDI/AMO	Löcher	MBE-gewachs. AlN	gesputtertes SiO$_x$
vi	FZ Jülich	Löcher	MBE-gewachs. AlN	natürliches SiO$_x$ aus in situ Si
vii	FZ Jülich	Löcher	MBE-gewachs. AlN	SiO$_x$ aus HSQ

Tabelle 4.1: Substratübersicht

Eine graphische Darstellung der unterschiedlichen Substrattypen ist in Abb. 4.2 dargestellt, während die Details zu der Herstellung der Masken in den folgenden Abschnitten zu der Deposition der Materialien (4.3.1) und der Strukturierung (4.3.2) gegeben sind. Die ersten drei Designs tauchen dabei nur in einfacher Variation auf, das bedeutet, dass sie nur auf eine Art und Weise hergestellt wurden, während für den Typ iv verschiedene Depositionsmethoden und Wachstumsparameter, sowie zwei unterschiedliche MBEs benutzt wurden. Da dadurch auch Einflüsse auf das Wachstum entstehen können, wird zusätzlich zum Typ iv noch die Typen v – vii eingeführt, die strukturelle dem Typ iv entsprechen. Eine tabellarische Übersicht über die Typen i – vii befindet sich in Tabelle 4.1.

4.3.1 Deposition der Pufferschicht und des Maskenmaterials

Für den Substrattyp i ist keine Deposition einer Pufferschicht oder Maske notwendig, sodass dort direkt die Lithopgrahie, die im nächsten Abschnitt beschrieben wird, beginnen kann. Da hier zunächst die Deposition der Pufferschicht beschrieben werden soll, wird der Substrattyp ii, welcher keine Pufferschicht hat, ebenfalls erst später diskutiert. Für die Substrattypen iii - vii muss dagegen als erster Schritt eine dünne Schicht AlN deponiert werden, die als Pufferschicht prinzipiell eine epitaktische Orientierung der GaN-Nanodrähte mit dem Si-Substrat ermöglicht. Bei den Substrattypen iii und iv wurde dabei ein Sputterprozess benutzt, um eine dünne Schicht AlN (ca. 13 nm) zu deponieren. Für den Substrattyp iii wurde dazu vor der Deposition des AlNs ein Lack aufgebracht, in den mittels Elektronenstrahllithograhie (englisch: electron beam lithographie (EBL)) Löcher geschrieben wurden. Durch den nach der AlN-Deposition durchgeführten Lift-Off-Prozess, das bedeutet das Entfernen des Lackes und des darauf befindlichen AlNs, bleiben AlN-Inseln auf dem Substrat übrig.

Für die Substrattypen v – vii wurde dagegen MBE-gewachsenes AlN benutzt. Dazu wird das Si-Substrat zunächst *in situ* gereinigt (siehe Abschnitt 2.1.2). Anschließend wird AlN bei einer Substrattemperatur von $\mathbf{T}_{Sub} = \mathbf{690}$ °**C** und einem N-Fluss von $\phi_\mathbf{N} = \mathbf{3}$ **nm/min** (Substrattyp v) bzw. $\mathbf{T}_{Sub} = \mathbf{530}$ °**C** $\phi_\mathbf{N} = \mathbf{8 \pm 3}$ **nm/min**

4.3 Präparation der Substrate für das selektive Wachstum

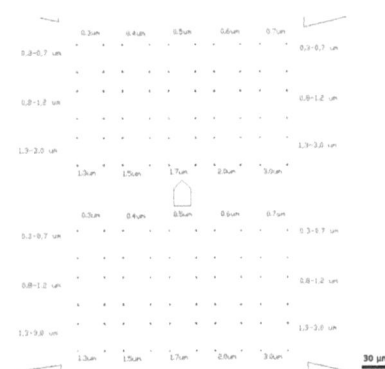

(a) Übersicht über die gesamte Struktur. In die Felder wurde jeweils der Lochdurchmesser angegeben und bei Abweichungen von dem Quadrat die Form.

(b) Vergrößerte Darstellung. Die Zahlen um die Felder herum entsprechen den Abständen zwischen den Löchern. Diese Struktur wird in jedes in 4.3a dargestelltem Feld mit den angegebenen Lochdurchmessern reproduziert. Für die Referenzfelder und die Felder mit anderen Lochformen wurde eine leicht modifizierte Anordnung genutzt.

Abbildung 4.3: Designübersicht der Strukturen, die mit AutoCAD erstellt wurden.

(Substrattyp vi und vii) mit einem Al-Fluss von $\phi_{Al} = 4$ nm/min deponiert. Zur Untersuchung des Einflusses des AlN auf das selektive Wachstum (siehe Abschnitt 5.1.2) wurden zusätzlich in kleinen Stückzahlen Proben vom Substrattyp v mit $\phi_N = 13$ nm/min bei gleichem Al-Fluss hergestellt.

Die abschließende SiO_x-Schicht wird je nach Typ mit unterschiedlichen Verfahren deponiert. Für den Typ ii, iv und v wird gesputtertes SiO_x genutzt. Für den Typ vi wird zunächst eine dünne Schicht eines Haftvermittler (HMDS) bei einer Geschwindigkeit von $\omega = 6000$ U/min auf das AlN aufgebracht, gefolgt von einer zweiten Schicht hydrogen silsesquioxane (HSQ) bei einer Umdrehungsgeschwindigkeit von $\omega = 4000$ U/min. Der anschließend Ausheizprozess für $t = 5$ min bei $T_{Sub} = 150$ °C und $t = 20$ min bei $T_{Sub} = 300$ °C transformiert das HSQ durch das Verdampfen der Lösungsmittel und der Vernetzung von SiO_x-Molekülen zu amorphem SiO_x.

Im Gegensatz zu den thermischen Si-Oxiden der Typen iv - vi wird beim Typ vii *in situ* nach dem Aufbringen des AlN eine dünne Schicht Si aufgedampft, die nach einer Bedampfungsdauer von $t = 4$ min bei einer Si-Zellentemperatur von 1300 °C eine Höhe von $h \approx 10$ nm erreicht. Da das Si sehr reaktiv ist, wandelt es sich, nach dem Entfernen aus der MBE zu Strukturierungszwecken, ebenfalls in natürliches SiO_x um.

4.3.2 Strukturierung der Maske

Designerstellung Die Maske wurde sowohl durch EBL als auch durch Nanoimprint-Lithographie (NIL) strukturiert. Dazu wurde zunächst das Design in AutoCAD® gezeichnet, wie beispielhaft in Abb. 4.3 gezeigt ist. Zur groben Orientierung wurde der beschriebene Bereich in Bereiche eingeteilt (Abb. 4.3a), die mit Beschriftungen und Markerstruk-

4 Vorbereitung und Optimierung des selektiven Wachstum von Nanodrähten

turen eine makroskopische Orientierung ermöglichen. In jedem Bereich wurden anschließend in der unteren und oberen Hälfte Felder von Löchern mit konstantem Lochdurchmesser und variierender Periode zwischen $P = 0.3 - 3.0$ μm geschrieben (Abb. 4.3b). Der Lochdurchmesser wurde dabei bei den verschiedenen Bereichen zwischen nominell $d_{Loch} = 5 - 300$ nm variiert, wobei der kleinste, gemessene Wert prozesstechnisch bedingt bei $d_{Loch} = 17$ nm lag. Die angegebenen Werte beschreiben dabei die Kantenlänge der geschriebenen Quadrate. Zusätzlich zu dieser Grundstruktur wurden in den Ecken und in der Mitte des beschriebenen Bereiches des Substrates Referenzfelder plaziert, die sowohl eine Variation des Lochdurchmessers, als auch des Abstandes aufwiesen und eine Abschätzung der Unterschiede des Nanodrahtwachstum durch Inhomogenitäten der Flüsse und der Substrattemperatur über dem Wafer ermöglichen sollen. Als letzte Besonderheit wurden auf 6 Feldern unterschiedliche Lochformen geschrieben (Dreiecke, Hexagone und Streifen), die ebenfalls eine Variation der Durchmesser und Abstände aufweisen. Nach der Erstellung des Designs wurden die Dateien in die Software des Elektronenstrahlschreibers eingelesen.

Vor dem eigentlichen Schreibprozess muss zunächst das Substrat belackt werden. Zu diesem Zweck wurde auf das Substrat bei $\omega = 6000$ U/min ein Polymethyl-Methacrylate-Lack aufgebracht und anschließend bei $T_{Sub} = 150$ °C für $t = 5$ min die Lösungsmittel verdampft.

Anschließend wurden die Designs bei unterschiedlichen Dosen geschrieben. Die Dosis richtet sich dabei nach den zu schreibenden Lochdurchmessern, da prinzipiell durch Streuung der Elektronen in dem Lack die tatsächlich belichtete Fläche von der nominell beschriebenen Fläche abweicht. Dabei spielt insbesondere die Gesamtdosis (in μC) für die Größe des Loches eine Rolle, während die Flächendosis ($\frac{\mu C}{cm^2}$) die pro Schreibschritt geschrieben wird Auswirkungen auf die Form des Loches haben kann. Um auf einer Probe Strukturgrößen zwischen einigen nm bis hin zu einigen μm zu ermöglichen wurden die Strukturen in unterschiedliche Layer eingeteilt (35 verschiedene), die mit unterschiedlichen Dosen geschrieben wurden.

Nach dem Schreiben mit dem Elektronenstrahl muss der Lack noch entwickelt werden. Dazu wurden die Proben in AR 600-55 (Fa. Allresist) für $t = 45$ s entwickelt und anschließend in Isopropanol getaucht, um den auf der Oberfläche verbleibenden Entwickler zu passivieren. Als letzten Entwicklungsschritt wurden die Substrate mit N_2 trockengeblasen.

Die Strukturen wurden anschließend mittels reaktivem Ionenätzen von dem Lack in das SiO_x übertragen. Da das SiO_x nur eine Höhe von $h \approx 10$ nm dick ist, reicht bereits eine Ätzzeit von $t = 90$ s bei folgenden Ätzparametern aus: 25 sccm CHF_3, $P_{rf} = 100$ W, T = 20 °C

Als finaler Schritt wurde der verbleibende Lack mit einer Azeton-Propanol-Prozedur und einem abschließenden Sauerstoffplasma entfernt. In Abb. 4.4 sind beispielhaft die Löcher in der SiO_x-Maske für ein Typ iv Substrat in einem Aufsicht-SEM-Bild gezeigt.

4.4 Voruntersuchung an nicht selektiv gewachsenen Drähten bei hohen Substrattemperaturen

Prinzipiell ist der Einfluss der einzelnen Wachstumsparameter (Substrattemperatur, Ga-Fluss, N-Fluss und Wachstumszeit) auf das nicht selektive Nanodraht-Wachstum noch nicht hundertprozentig verstanden. Ein komplexes Zusammenspiel von Mechanismen, wie die Stabilität der Nukleationskeime auf dem Substrat, der Favorisierung von unterschiedlichen Facetten des Nanodrahtes, sowie die Diffusion und Desorption auf dem Substrat und

4.4 Nicht-selektive Voruntersuchung bei hohen Substrattemperaturen

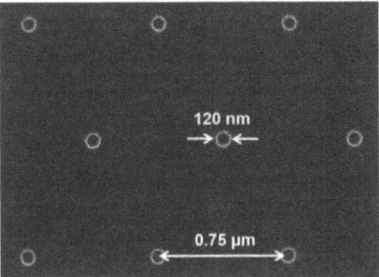

Abbildung 4.4: SEM-Aufsicht eines strukturierten Substrates mit Löchern in der SiO$_x$-Maske.

den unterschiedlichen Facetten und der Einbauwahrscheinlichkeit von Ga- und N-Atome an diesen, ist dabei während des Wachstums vorhanden. Dadurch ist eine direkte Aussage über den Einfluss der Wachstumsparameter auf die Eigenschaften der Nanodrähte, wie z.B. Dichte, Durchmesser, Länge und Homogenität, bei einer Variation der Parameter, signifikant erschweren.

Selektiv gewachsene Nanodrähte bieten den Vorteil, dass zumindest die Dichte, und zum Teil der Durchmesser der Nanodrähte vordefiniert ist, was die Interpretation von Wachstumsstudien erleichtert. Zusätzlich lässt sich durch die Homogenität der selektiv gewachsenen Drähte im Rahmen einer Zeitstudie direkt die Evolution eines Nanodrahtes *ex situ* beobachten.

Da die Herstellung von Substraten für das selektive Wachstum aufwendig ist, ist es durchaus sinnvoll, anhand von nicht selektiv gewachsenen Proben, bzw. durch Serien von selektiv gewachsenen Nanodrähten mit variierenden Parametern optimale Parameterwerte zu bestimmen, bevor detaillierte Analysen zu den Wachstumsmechanismen durchgeführt werden. Prinzipiell findet jedoch das Wachstum bei hohen Substrattemperaturen statt.

In diesem Abschnitt sollen erste Erkenntnisse für das selektive Wachstum an Hand von nicht-selektiv gewachsenen Nanodrähten gewonnen werden. Das Wachstum von selektiven Nanodrähten findet typischerweise bei höheren Substrattemperaturen im Vergleich zu nicht-selektivem Wachstum statt. Da bei diesen Temperaturen das Wachstum auf der Maske unterdrückt werden soll, ist für das nicht selektive Wachstum auf Si auch kein Wachstum zu erwarten. Daher wird in diesem Fall bei hohen Temperaturen gleichzeitig der Ga-Fluss erhöht, um eine Nukleation und damit Wachstum auf Si zu ermöglichen. Die Nukleation der Nanodrähte bei höheren Temperaturen wird im Unterabschnitt 4.4.1 untersucht und anschließend anhand von LoS-QMS-Messungen eine eingehende Analyse zur Desorption von Ga während des Wachstums und zur Dekomposition der GaN-Nanodrähte durchgeführt. Anschließend wird das Wachstumsfenster für das selektive Wachstum an Hand von Vergleichen zur Nukleation auf AlN und auf Si(111) eingegrenzt (Abschnitt 4.4.3).

4.4.1 Einfluss der Wachstumsparameter auf die Nukleation

In Abb. 4.5 sind SEM-Aufsichtsansichten von nicht-selektiv gewachsenen Nanodrähten bei hohen Temperaturen zu sehen. Für eine Wachstumszeit von $t_{Wac} = 2$ h bei einer Substrattemperatur von $T_{Sub} = 808$ °C und einem Ga-Fluss von $\phi_{Ga} = 2$ nm/min

4 Vorbereitung und Optimierung des selektiven Wachstum von Nanodrähten

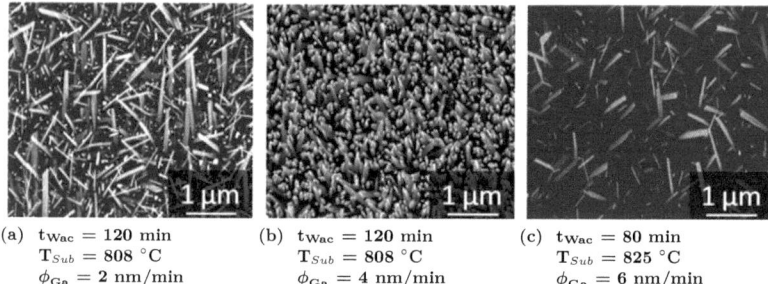

(a) $t_{Wac} = 120$ min
$T_{Sub} = 808$ °C
$\phi_{Ga} = 2$ nm/min

(b) $t_{Wac} = 120$ min
$T_{Sub} = 808$ °C
$\phi_{Ga} = 4$ nm/min

(c) $t_{Wac} = 80$ min
$T_{Sub} = 825$ °C
$\phi_{Ga} = 6$ nm/min

Abbildung 4.5: SEM-Aufsichtsaufnahmen zu Proben mit nicht-selektiv gewachsenen GaN Nanodrähten bei hohen Temperaturen.

(Abb. 4.12a) ist die Mehrzahl der Nanodrähte mit einem deutlichen Winkel zur Substratnormalen gewachsen. Zwischen diesen schräg gewachsenen Nanodrähten sind zum Teil Nanodrähte mit dünneren Durchmesser senkrecht zur Oberfläche gewachsen. Bei einer Erhöhung des Ga-Flusses auf $\phi_{Ga} = 4$ nm/min (Abb. 4.12b) nimmt sowohl die Anzahl, als auch der Durchmesser der senkrecht gewachsenen Nanodrähte deutlich zu. Die schräg gewachsenen Nanodrähte sind nur noch vereinzelt sichtbar, da sie durch die senkrecht gewachsenen Nanodrähte verdeckt und abgeschattet werden. Bei einer weiteren Erhöhung des Ga-Flusses auf $\phi_{Ga} = 6$ nm/min bei gleichzeitiger Erhöhung der Substrattemperatur auf $T_{Sub} = 825$ °C und einer leicht reduzierten Wachstumszeit ($t_{Wac} = 80$ min) ist das senkrechte Wachstum komplett unterdrückt. Die schräg gewachsenen Nanodrähte sind dagegen weiterhin präsent, jedoch mit einer geringeren Dichte und weniger Volumen.

Insbesondere auf Grund der Beobachtungen bei der höheren Substrattemperatur lässt sich schließen, dass die schräg gewachsenen Nanodrähte eine bevorzugte Nukleation auf dem Substrat besitzen. Da der einfallende Ga- und N-Fluss direkt auf die Seitenfacetten trifft, ist das radiale Wachstum deutlich im Vergleich zu senkrecht gewachsenen Nanodrähten erhöht. Bei niedrigeren Substrattemperaturen können senkrechte Nanodrähte ebenfalls nukleieren, wobei höhere Ga-Flüsse das senkrechte Wachstum bevorzugen. Wie im Abschnitt 4.4.3 näher beschrieben, wird durch einen höheren Ga-Fluss die Nukleationszeit auf dem Substrat reduziert, was ein weiteres Indiz für eine unterschiedliche Nukleationszeit zwischen schräg und senkrecht gewachsenen Nanodrähten ist. In Abschnitt 5.1.1 wird der grundlegende Mechanismus zur Nukleation näher untersucht und insbesondere die Anreicherung von Ga-Atome an Kanten diskutiert. Stellt man sich nun eine unperfekte Si-Oberfläche vor, so wird zunächst Nukleation an den Stellen stattfinden, wo die Unebenheiten am größten sind (höchste Kanten). Da GaN Nanodrähte, die auf Si wachsen, bevorzugt senkrecht zur Oberfläche wachsen [48], werden dementsprechend die zunächst schräg wachsende Nanodrähte nukleieren, was sich gut mit den hier getroffenen Beobachtungen deckt. Für höhere Ga-Flüsse (oder niedrigere Temperaturen) wird zunehmend die Ga-Adatom-Dichte erhöht, sodass auch an kleineren Unebenheiten (kleinere Inklination) bis hin zur glatten Oberflächen (senkrechtes Wachstum) Nukleation stattfinden kann. Im Hinblick auf das selektive Wachstum ist demnach eine Maske mit möglichst niedriger Rauhigkeit wichtig, um eine 100%ige Selektivität in einem größeren Parameterfenster zu ermöglichen.

4.4.2 LoS-QMS-Analyse zur Ga-Desorption

Um das Nanodrahtwachstum bei hohen Temperaturen besser zu verstehen, wurde die Ga-Desorption vom Substrat mittels LoS-QMS-Messungen untersucht. Der Vorteil dieser Methode ist, dass man *in situ* Änderungen während des Wachstums feststellen kann und somit Rückschlüsse auf unterschiedliche Phasen während des Wachstum ziehen kann. In Abb. 4.6 ist ein typisches, mit einem LoS-QMS gemessenen Ga-Desorptionssignal für das Wachstum bei durchschnittlichen, als auch hohen Temperature abgebildet. Zu Beginn des Wachstums fällt das Desorptionssignal ab, da Nukleation auf dem Substrat stattfindet und dementsprechend Ga in die Nanodrähte eingebaut wird. Dabei desorbiert immer ein Teil des Ga weil nur eine mittlere Verbleibzeit auf dem Substrat und den Facetten des Nanodrahtes besteht. Da die Temperatur zu den Rändern hin abfällt, beginnt die Nukleation in den äußeren Bereichen und „wandert" sozusagen auf Grund der unterschiedlichen Inkubationszeiten Richtung Zentrum des Wafers. Das LoS-QMS mittelt dabei über den inneren Bereich des Wafers (ca. 2/3 vom Waferdurchmesser), sodass die Ga-Desorption durch die Nukleation langsam abnimmt. Gleichzeitig kann das eingebaute Material auf Grund der durch das laterale und axiale Wachstum größer werdenden Oberfläche ebenfalls sich erhöhen was die Desorption zusätzlich verringert. Da nicht beliebig viele Ga-Atome dem Wachstum zur Verfügung stehen, kommt die erneute Nukleation von Nanodrähten nach einiger Zeit zum Erliegen, da die bereits nukleierten Nanodrähte die eintreffenden Ga-Atome „verbrauchen" und somit die Inkubationszeit für neue Nukleationskeime sich erhöht. Der verringerte Überschuss an Ga-Atomen führt auch dazu, dass die Wachstumsrate nicht weiter zunimmt oder sogar abnimmt und sich somit ein Gleichgewicht zwischen eintreffenden (ϕ_{Ga}), desorbierenden (ϕ_{Des}) und eingebauten (ϕ_{Ein}) Ga-Atomen einstellt.

Das Desorptionssignal lässt sich dementsprechend wie folgt darstellen:

$$\phi_{Des} = \phi_{Ga} - \phi_{Ein} \tag{4.1}$$

Ein weiterer Effekt, der das Ga-Desorptionssignal beeinflussen kann ist die Dekomposition, die die Zersetzung des Kristalls beschreibt und somit die effektive Wachstumsrate verringert. Unter Berücksichtigung der Dekompositionsrate ϕ_{Dek} ändert sich die Gleichung 4.1 in:

$$\phi_{Des} = \phi_{Ga} - (\phi_{Ein} - \phi_{Dek}) \tag{4.2}$$

Es ist dabei zu beachten, dass diese Gleichung nur gilt, wenn keine Akkumulation von Ga an der Substratoberfläche, z.B. in Tropfen, stattfindet. Dies wurde für alle hier untersuchten Proben mittels SEM-Untersuchungen ausgeschlossen.

Für das „standardmäßige" Wachstum bei tiefen Temperaturen und moderaten Ga-Flüssen ($\mathbf{T}_{Sub} = \mathbf{790\ °C}$, $\boldsymbol{\phi}_{\mathbf{Ga}} = \mathbf{3\ nm/min}$) wird eine Sättigung des Abfalls der Ga-Desorption beobachtet (siehe Abb. 4.6) was bedeutet, dass die effektive Wachstumsrate ($\phi_{Ein} - \phi_{Dek}$) konstant wird. Im Gegensatz dazu steigt für das Wachstum bei hohen Temperaturen und Ga-Flüssen ($\mathbf{T}_{Sub} = \mathbf{825\ °C}$, $\boldsymbol{\phi}_{\mathbf{Ga}} = \mathbf{5\ nm/min}$) das Desorptionssignal nach einem Minimum wieder an, was auf eine Änderung in der Einbau- oder Dekompositionsrate schließen lässt. Erst danach folgt die Sättigung bei im Vergleich zum Minimum höheren Ga-Desorptionsraten.

Um dieses Verhalten zu untersuchen wird im folgenden Abschnitt die Dekomposition der Nanodrähte näher untersucht.

4 Vorbereitung und Optimierung des selektiven Wachstum von Nanodrähten

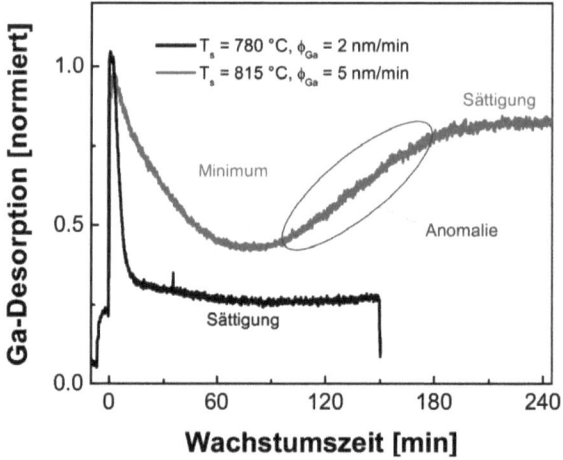

Abbildung 4.6: LoS-QMS von bei hohen Temperaturen (rote Kurve) gewachsenen GaN Nanodrähten im Vergleich zum „standardmäßigen" Wachstum (schwarze Kurve).

Analyse der Dekomposition unter verschiedenen Bedingungen

Wie in Abb. 4.6 deutlich zu sehen ist steigt das Desorptionssignal für das Wachstum bei höheren Temperaturen nach dem Erreichen eines Minimum wieder an und sättigt erst danach. Zur Überprüfung der Ursache dieses Anstiegs wurde eine weitere Probe unter gleichen Bedingungen hergestellt, bei der am Minimum des Desorptionssignals und an dem Punkt, wo es in die Sättigung der Desorption geht, das Wachstum unterbrochen wurde. An diesen Unterbrechungspunkten wurde nach jeweils einer Minute nach dem Schließen der Shutter für zwei Minuten der Ga-Shutter geöffnet. Nach einer weiteren Minute Pause wurde das Wachstum fortgesetzt, bzw. nach dem Erreichen der Sättigung die Probe für eine halbe Stunde bei der hohen Temperatur gehalten, um die Änderung der Desorption zu beobachten. Während dieser letzten Phase wurde der N-Shutter für 30 s geöffnet.

Das Desorptionssignal für die Probe mit Unterbrechungen besitzt während des gesamten Wachstums exakt den gleichen Kurvenverlauf wie die Probe ohne Unterbrechung, sodass ein Einfluss der Unterbrechung auf das Wachstum, insbesondere durch die Unterbrechung im Minimum des Desorptionssignals, ausgeschlossen werden kann.

Das zu dieser Probe gehörende Desorptionssignal ist in Abb. 4.7 dargestellt. Durch den sehr hohen N-Hintergrunddruck besitzt das Messsignal einen Offset (Hintergrundlevel), welcher bei $\phi_{Des} = 0{,}5$ nm/min liegt und von den absoluten Messwerten abgezogen werden muss (alle weiteren Angaben in dieser Arbeit werden bereinigt angegeben).

Zu Beginn des Wachstums wird noch kein Ga eingebaut ($\phi_{Ein} = 0$ **nm/min**) und es ist noch kein Nanodraht vorhanden, sodass auch keine Dekomposition stattfinden kann und dementsprechend das gesamte Ga ($\phi_{Ga} = 5$ **nm/min**) desorbiert. Der Wert im Minimum der Desorption (Werte in Klammer sind entsprechende Werte in der Sättigung) nach einer Wachstumszeit von $t_{Wac} = 60$ **min** ($t_{Wac} = 180$ **min**) ist während der Wachstumsunterbrechung bei $\phi_{Des} = 0{,}9$ **nm/min** ($\phi_{Des} = 2{,}9$ **nm/min**) und liegt dabei

4.4 Nicht-selektive Voruntersuchung bei hohen Substrattemperaturen

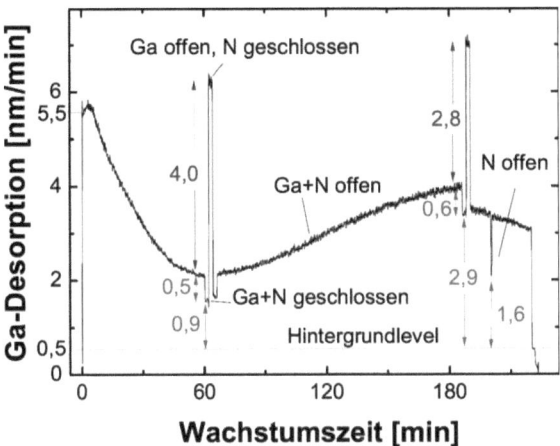

Abbildung 4.7: LoS-QMS-Signal einer Probe bei hoher Temperatur ($T_{Sub} = 825$ °C) mit Wachstumsunterbrechungen zur Analyse der Dekomposition.

um 0,5 nm/min (0,6 nm/min) unterhalb des Desorptionswertes von $\phi_{Des} = 1,4$ nm/min ($\phi_{Des} = 3,5$ nm/min) während des Wachstum unmittelbar vor der Unterbrechung. Wird während der Unterbrechung der Ga-Shutter geöffnet, erhöht sich der Desorptionswert im Vergleich zum Desorptionswert zu Beginn des Wachstums leicht auf $\phi_{Des} = 5,4$ nm/min ($\phi_{Des} = 6,3$ nm/min).

Wie im vorigen Abschnitt in Gleichung 4.2 bereits angegeben, hängt der Ga-Desorptionswert direkt von dem Ga-Fluss sowie der Einbau- und Dekompositionsrate ab. In Gleichung 4.3 ist dieselbe Gleichung anders dargestellt, was eine andere Interpretation erlaubt. Die linke Seite der Gleichung entspricht dem Verlust von Ga-Atomen an der Substratoberfläche, während die rechte Seite der Zufuhr von Ga-Atomen entspricht. Ohne eine Akkumulation von Ga-Atomen muss die Zu- und Abfuhr von Ga-Atomen an der Substratoberfläche immer gleich sein.

$$\phi_{Des} + \phi_{Ein} = \phi_{Ga} + \phi_{Dek} \qquad (4.3)$$

Mit Hilfe dieser Gleichung lassen sich nun die aus dem Graphen in Abb. 4.7 gewonnen Zahlenwerte als Blockdiagramme darstellen. Die Länge der Balken in cm entspricht dabei 1:1 dem Zahlenwert in nm/min. Die linke Spalte entspricht dem Verlust, die rechte der Zufuhr von Ga-Atomen entsprechend der Gleichung in 4.3.

Zu Beginn des Wachstum ist die Einbau- und Dekompositionsrate 0, sodass der Desorptionswert gleich dem Ga-Fluss ist ($\phi_{Des} = \phi_{Ga} = 5$ nm/min). Bei der Wachstumsunterbrechung im Minimum ist dagegen der Ga-Fluss und die Einbaurate 0, sodass der Desorptionswert direkt dem Dekompositionswert entspricht ($\phi_{Des} = \phi_{Dek} = 0,9$ nm/min). Wird nun der Ga-Shutter geöffnet so entspricht der Desorptionswert dem Ga-Fluss plus der Dekomposition ($\phi_{Des} = \phi_{Ga} + \phi_{Dek}$). Da sowohl der Ga-Fluss ($\phi_{Ga} = 5$ nm/min), als auch der Desorptionswert ($\phi_{Des} = 5,4$ nm/min) bekannt ist, lässt sich die Dekomposition zu einem Wert von $\phi_{Dek} = 0,4$ nm/min berechnen. Die selben Überlegungen sind auch in der Sättigung gültig, sodass sich dort Werte von $\phi_{Dek} = 2,9$ nm/min

4 Vorbereitung und Optimierung des selektiven Wachstum von Nanodrähten

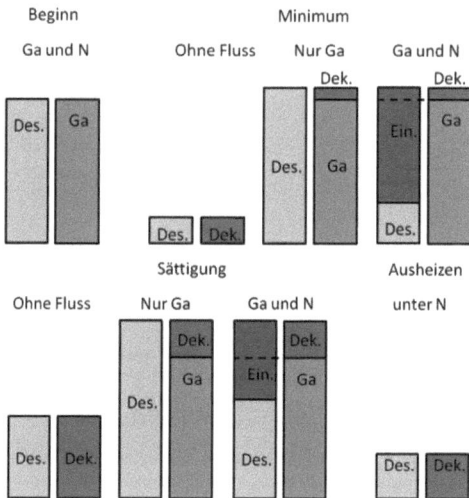

Abbildung 4.8: Vergleich der aus den LoS-QMS-Messungen gewonnenen Raten.

und $\phi_{Dek} = 1{,}3$ nm/min für die Dekomposition ohne und mit zusätzlichem Ga-Fluss ergeben. Zum Ende der Ausheizphase am Ende des Wachstums ($t_{Wac} = 220$ min) reduziert sich der Dekompositionswert ohne Ga-Fluss zu $\phi_{Dek} = 2{,}5$ nm/min (in Abb. 4.7 nicht beschriftet). Wird abschließend der N-Shutter während der Ausheizphase geöffnet ($t_{Wac} = 200$ min), so reduziert sich die Dekompositionsrate auf $\phi_{Dek} = 1{,}6$ nm/min.

Während des Wachstums (Ga und N offen) liegt die Desorption im Minimum bei $\phi_{Des} = 1{,}4$ nm/min, während sie sich in der Sättigung bei $\phi_{Des} = 3{,}5$ nm/min befindet. Die Wachstumsrate der Nanodrähte (nicht die Einbaurate!) lässt sich aus der Differenz zwischen dem Ga-Fluss und der Desorption berechnen. Hier ergeben sich Werte von $\phi_{Wac} = 3{,}6$ nm/min ($\phi_{Wac} = 1{,}5$ nm/min).

Vergleicht man die gewonnen Werte, so lassen sich einige Rückschlüsse in Bezug auf das Wachstum ziehen. Zunächst einmal ist der beobachtete Anstieg zwischen dem Minimum und der Sättigung auf eine Erhöhung der Dekomposition zurückzuführen, die ca. um den Faktor drei ansteigt (von 0,9 auf 2,9 nm/min). Die Dekomposition lässt sich dabei durch das Hinzufügen von Ga um 55% reduzieren (0,4 bzw. 1,3 nm/min), unabhängig von dem ursprünglichen Dekompositionswert. Durch das Hinzufügen von N während des Wachstums lässt sich die Dekomposition um 45% reduzieren (von 2,9 auf 1,6 nm/min). Während des eigentlichen Wachstums lässt sich die Dekomposition nicht direkt bestimmen, da Ga sowohl durch den eintreffenden Fluss, als auch durch die Dekomposition angeboten wird. Unter der Annahme, dass die Dekomposition während des Wachstum nicht größer werden kann als nur unter der Zufuhr von Ga lässt sich eine untere Grenze für die Einbaurate geben. Im Minimum liegt die Einbaurate bei $\phi_{Ein} = 4{,}0$ nm/min, während sie in der Sättigung nur noch $\phi_{Ein} = 2{,}8$ nm/min beträgt. Es sei hier nochmals angemerkt, dass die Wachstumsrate der Einbaurate abzüglich der Dekompositionsrate entspricht und somit äquivalent zu der Fläche der Einbaurate unterhalb der gestrichelten Linie in Abb. 4.8) ist.

4.4 Nicht-selektive Voruntersuchung bei hohen Substrattemperaturen

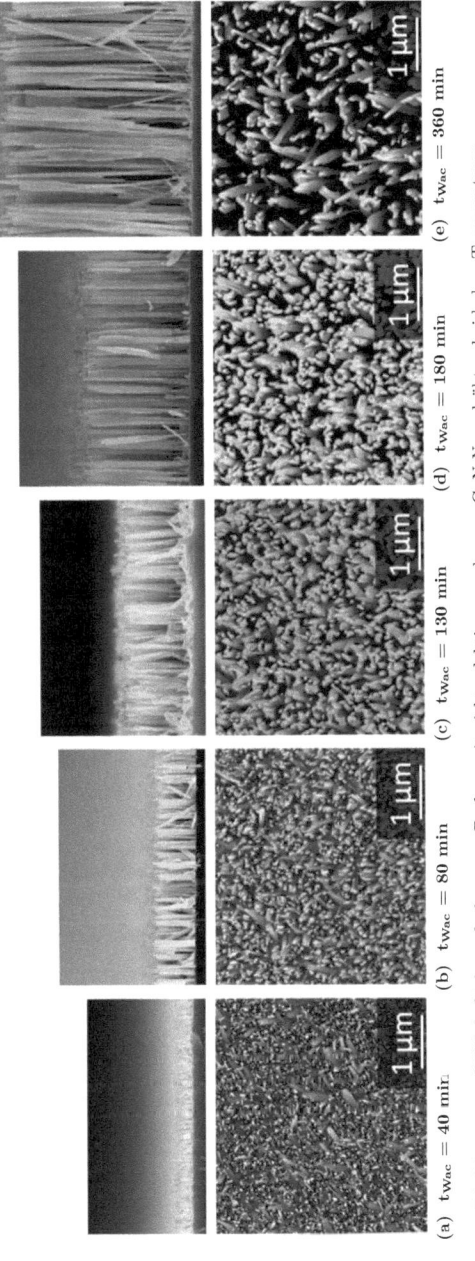

(a) $t_{Wac} = 40$ min (b) $t_{Wac} = 80$ min (c) $t_{Wac} = 130$ min (d) $t_{Wac} = 180$ min (e) $t_{Wac} = 360$ min

Abbildung 4.9: SEM-Aufsichtsaufnahmen zu Proben mit nicht-selektiv gewachsenen GaN Nanodrähten bei hohen Temperaturen.

4 Vorbereitung und Optimierung des selektiven Wachstum von Nanodrähten

Zeitserie zur Bestimmung der axialen Wachstumsrate

Die bisher bestimmten Wachstumsraten beziehen sich immer auf das insgesamt deponierte Volumen. Im Unterschied zum Schichtwachstum, wo nur eine Wachstumsrichtung vorliegt, gibt es beim Nanodrahtwachstum sowohl axiales, als auch laterales Wachstum. Um die bisher gewonnen Ergebnisse besser zu verstehen wurde eine Serie von Proben mit unterschiedlichen Wachstumszeiten bei identischen Wachstumsbedingungen hergestellt (T_{Sub} = 815 °C, ϕ_{Ga} = 6 nm/min, ϕ_N = 13 nm/min). In Abb. 4.9 sind korrespondierende SEM-Bilder in Seitenan- und Aufsicht mit identischer Vergrößerung dargestellt. Zusätzlich wurde zu diesen Proben die Länge der Nanodrähte mit dem Programm ImageJ in äquidistanten Abständen entlang eines Wafers ausgemessen und aus der Differenz zwischen zwei Längenwerten die axiale Wachstumsrate bestimmt. Da zum Rand hin die Werte stärker fluktuieren, wurden in Abb. 4.10 nur die vier mittleren Positionen mit dem LoS-QMS-Signal verglichen (der erste Wert der Wachstumsrate ist dabei stark fehlerbehaftet, da hier auf Grund der Inkubationszeit die tatsächliche Wachstumszeit kleiner sein kann und dementsprechend der gemessene Wert nur eine untere Grenze für die Wachstumsrate darstellt). Auf Grund der hohen Koaleszenz ist eine statistische Bestimmung des Durchmessers nicht möglich.

Bereits nach einer Wachstumszeit von t_{Wac} = 40 min ist die komplette Oberfläche mit Nanodrähten bedeckt, die Wachstumsrate fluktuiert auf Grund der unterschiedlichen Inkubationszeit auf dem Wafer stark zwischen $\phi_{Wac,axi}$ = 4 - 8 nm/min, das Desorptionssignal ist kurz vor dem Minimum. Nach t_{Wac} = 80 min, bzw. im Minimum des Desorptionssignal liegt die Wachstumsrate bei $\phi_{Wac,axi}$ = 10 - 12 nm/min. Während des Anstieg des Desorptionssignal bis zur Sättigung bleibt die Wachstumsrate nahezu konstant, bzw. steigt leicht auf max. $\phi_{Wac,axi}$ = 14 nm/min. Erst in der Sättigungsphase fällt die Wachstumsrate leicht auf $\phi_{Wac,axi}$ = 9 - 10 nm/min. Die hier gewonnenen Wachstumsraten liegen dabei in dem Bereich der angebotenen Stickstoffrate, jedoch deutlich oberhalb des Ga-Flusses (blaue, bzw rote waagerechte Linie in Abb. 4.10).

Wie am Anfang dieses Abschnitts bereits festgestellt wurde, liegt die Ursache für den Anstieg der Desorption in der Dekomposition der Nanodrähte. Während des Anstiegs der Desorption bleibt jedoch die axiale Wachstumsrate konstant, was im Widerspruch zu einer erhöhte Dekomposition steht, da hierbei eine Verringerung der Wachstumsrate erwartet werden würde. Im Gegenteil dazu verringert sich die axiale Wachstumsrate erst in der Sättigung. Da die Topfacette als Ursache des erhöhten Desorptionssignals ausscheidet, bleibt nur die Dekomposition der Seitenfacette als Ursache. Vergleicht man die Durchmesser der Nanodrähte im Minimum (Abb. 4.9c) mit denen am Ende des Wachstums (Abb. 4.9e) so scheinen am Ende des Wachstums die Nanodrähte im unteren Bereich schmaler zu sein als für den oberen Bereich und ebenfalls schmaler als im Minimum der Desorption, was als erstes Indiz für eine Dekomposition gewertet werden kann.

Ausheizen von GaN-Nanodrähten

Um den Effekt der Dekomposition stärker hervorzuheben, wurden zwei weitere, identische Proben gewachsen, bei der eine Probe nach dem Wachstum für 30 min bei der Wachstumstemperatur ausgeheizt wurde. Es ist deutlich zu erkennen, dass vor dem Ausheizen die Nanodrähte stark koalesziert sind und eine homogene Länge besitzen. Dagegen sind nach dem Ausheizen die Nanodrähte deutlich separiert. Im Gegensatz dazu ist die Länge konstant geblieben, sodass die Dekomposition eindeutig auf die Seitenfacetten zurückzuführen ist.

4.4 Nicht-selektive Voruntersuchung bei hohen Substrattemperaturen

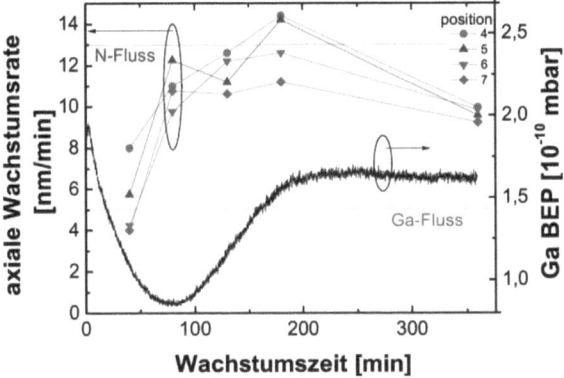

Abbildung 4.10: Vergleich des Ga-Desorptionssignal mit der Wachstumsrate von selektiv gewachsenen GaN Nanodrähten. Die Wachstumsraten wurden entlang eines Querschnitts des Wafers an 10 äquidistanten Positionen gemessen. Die Positionen 4 – 7 beziehen sich auf den vom LoS-QMS erfassten Bereich im Zentrum des Wafers.

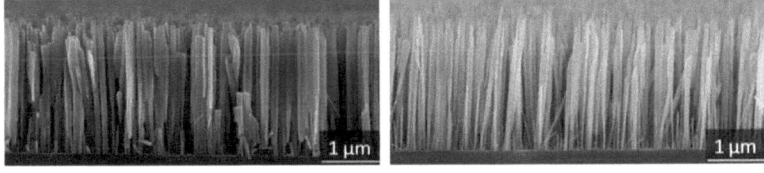

(a) Ohne Ausheizphase.   (b) Mit 30 min Ausheizphase.

Abbildung 4.11: SEM-Seitenansichts-Bilder von GaN Nanodrähten mit und ohne Ausheizphase.

4 Vorbereitung und Optimierung des selektiven Wachstum von Nanodrähten

Diskussion Mit den hier gewonnenen Erkenntnissen lassen sich einige interessante Rückschlüsse auf das Wachstum von GaN-Nanodrähte ziehen. In [11] wurde die Dekomposition von GaN an planaren Schichten in Vakuum, mit Zugabe von Ga oder N und während des Wachstums mittels RHEED und QMS untersucht. Dabei wurde beobachtet, dass in Vakuum die Dekomposition einem exponentiellen Verhalten folgt und dabei Ga und N nach der Dekomposition als Adsorbate zunächst an der Oberfläche bleiben und dort diffundieren können, bevor sie desorbieren. Die Dekomposition kann dabei signifikant reduziert werden, wenn der N-Shutter geöffnet wird, während das Hinzufügen von Ga keine Reduktion der Dekomposition bewirkt. Auch während des Wachstums unter N-reichen Bedingungen kann die Dekomposition für eine Erhöhung des Stickstoffflusses reduziert werden, während unter Ga-reichen Bedingungen eine Erhöhung des Ga-Flusses eher noch zu einer Erhöhung der Dekomposition führt.

Die hier beobachtet Erkenntnis, dass sowohl N als auch Ga eine Reduktion des Dekomposition hervorruft, legt ein anderes Verhalten nahe. Wie durch den Vergleich in Abb. 4.11 bestätigt wurde, ist die Dekomposition durch die Seitenfacetten dominierend. In der theoretischen Arbeit von Lymperakis *et al.* in [70] wurde gezeigt, dass atomarer Stickstoff auf den Seitenfacette energetisch sehr ungünstig und selbst unter extrem stickstoffreichen Bedingungen instabil ist und dementsprechend, sobald es in die Nähe eines weiteren N-Atoms diffundiert, als inertes N_2 desorbiert. Im Gegensatz dazu kann Ga an den Seitenfacetten diffundieren bevor es desorbiert, da die Ga-Ga-Bindung nur schwach ist und somit leicht wieder aufbricht und das Ga-Atom weiter diffundieren kann. Findet Dekomposition an den Seitenfacetten statt, diffundiert das Ga an der Seitenfacette während der N desorbiert. Wird nun Ga hinzugegeben, ist die Wahrscheinlichkeit, dass ein dekomponiertes N-Atom in die Nähe eines weitern N-Atoms diffundiert geringer und verbleibt somit länger an der Oberfläche. Dadurch kann es wieder in den Kristall eingebaut werden, sodass die effektive Dekomposition durch die hohe Ga-Adatomdichte an den Seitenfacetten geringer wird. Wird dagegen Stickstoff dazugegeben, kann Wachstum auf der oberen Facette als auch an der Seitenfacette mit den vorher dekomponierten, aber an der Oberfläche adsorbierten Ga-Atomen stattfinden, was die Desorption ebenfalls zum Teil unterdrückt. Während des Wachstums kann mit zunehmender Länge und Durchmesser der Nanodrähte, insbesondere bei starker Koaleszenz und Abschattung eine Versorgung der unteren Seitenfacette mit Ga und N sich reduzieren, sodass dort zuerst die Dekomposition einsetzt. Auf Grund der großen Oberfläche der Seitenfacette im Vergleich zur oberen Facette (bei einem Draht mit $\mathbf{d_{ND} = 100\ nm}$, $\mathbf{l_{ND} = 1000\ nm}$) ergibt sich eine Fläche für die obere Facette von ca. $A_{axi} \approx 8.000\ nm^2$, während die Seitenfacette eine Fläche von $A_{lat} \approx 300.000\ nm^2$ aufweist) ist die Dekompositionsrate im Vergleich zum gemessenen Desorptiosnsignal an der Seitenfacette im gleichen Verhältnis (ca. 40) geringer und damit schwer detektierbar (ein gemessenes Desorptionssignal von 1 nm/min entspricht bei einer homogenen Dekomposition an der Seitenfacette einer Dekompositionsrate von gerade mal 0,025 nm/min oder 15 nm/h).

Führt man diesen Gedanken weiter ergibt sich ein konsistentes Bild für das Desorptionssignal in Abb. 4.6. Während der Nukleationsphase beginnen die Nanodrähte sowohl radial, als auch axial zu wachsen. Auf Grund der hohen Temperaturen ist das laterale Wachstum durch die Dekomposition limitiert, während das axiale Wachstum durch das zusätzlich von den Seitenfacetten angebotene Ga stickstofflimitiert ist. Da zu Beginn des Wachstums ein hoher Ga-Überschuss herrscht, kann, wie oben gezeigt wurde, die Dekomposition an den Seitenfacetten reduziert werden, sodass die Nanodrähte radial wachsen können. Durch die Vergrößerung der Oberfläche der Top- und Seitenfacette steigt der Verbrauch

4.4 Nicht-selektive Voruntersuchung bei hohen Substrattemperaturen

an Ga-Adatomen an. Gleichzeitig kommt es für zunehmende Wachstumszeiten zu Abschattung der untere Bereiche und Koaleszenz der Nanodrähte. Dadurch reduziert sich die Ga-Adatomdichte an den Seitenfacetten und das laterale Wachstum nimmt auf Grund der Erhöhung der Dekomposition ab. Das im oberen Bereich der Nanodrähte zur Verfügung stehende Ga reduziert lokal die Dekomposition, kann jedoch nicht mehr eingebaut werden und desorbiert (Anstieg des Desorptionssignal). Durch das axiale Wachstum vergrößert sich der Abschattungsbereich und damit der Bereich in dem Dekomposition stattfinden kann. Gleichzeitig nimmt die Oberfläche durch die Reduktion des Durchmessers, und damit die Menge an Ga-Atomen die pro dekomponierte Lage frei werden, ab. Während der erste Effekt die Desorption erhöht, wird sie durch den zweiten Effekt verringert, sodass das Desorptionssignal in eine Sättigung geht. Die Reduktion des axialen Wachstums in der Sättigung lässt sich ebenfalls durch die hohe Desorption erklären. Wie in [11] konsistent erklärt wird, führt eine Erhöhung der Ga-Rate zu einer höheren Mobilität der N-Atome. Während auf den Seitenfacette die erhöhte Mobilität dazu führt, dass die N-Atome eine geeignete Stelle finden, um in den Kristall wieder eingebaut werden zu können, führt durch den hohen eintreffenden N-Fluss die erhöhte Mobilität zu einer größeren Wahrscheinlichkeit der N_2-Bildung mit einem anderen N-Atom und damit zu einer erhöhten Desorption der N-Atome. Da das axiale Wachstum N-limitiert ist, führt dies zu einer Reduktion der Wachstumsrate. Zusätzlich wurde in [150] beobachtet, dass Ga auch eine ätzende Wirkung bei hohen Temperaturen auf c-Ebenen GaN-Oberflächen haben kann. Da ein Großteil der Ga-Adatome über die Seitenfacette zur Top-Facetten diffundieren, könnte dies zu einer Ätzung der äußeren Bereiche der Topfacette und damit zu einer Reduktion des Durchmessers Nahe der Spitze führen, wie es in Abb. 4.9e beobachtet wird.

4.4.3 Eingrenzung der Wachstumsparameter für das selektive Wachstum

Zur Bestimmung der Wachstumsparameter für das selektive Wachstum wurde zunächst, in Anlehnung an die Arbeiten von Consonni *et al.* in [58], die Nukleation von nicht-selektiven Nanodrähten untersucht. Im Gegensatz zu der Studie von Consonni *et al.*, in der die Wachstumsparameter konstant gehalten und die Zeit bis zur Nukleation gemessen wurde, ist für diese Studie die Substrattemperatur in festen Zeitintervallen variiert worden um darüber die Nukleationstemperatur für einen konstanten Ga-Fluss zu bestimmen. Es sei darauf hingewiesen, dass auf Grund des exponentiellen Abfalls der Nukleationszeit und der sehr hohen Temperaturen die Nukleationszeit sich innerhalb von wenigen Grad von mehreren Stunden auf unter 30 min abfällt und somit mit maximal einem Fehler von $\Delta \mathbf{T}_{Sub} = \mathbf{5}$ °C (einem Temperaturschritt) bestimmt werden kann. Durch eine Serie von Experimenten mit verschiedenen Ga-Flüssen sowohl auf Si, als auch auf einer AlN-Pufferschicht, ließen sich so Wachstumsparameter eingrenzen, bei denen auf Si kein Wachstums stattfindet, während auf dem AlN Nanodrähte nukleieren und somit selektiv wachsen können.

In Abb. 4.12a ist das Ga-Desorptionssignal für das Wachstum auf Si(111) bei einem Ga-Fluss von $\phi_{\mathbf{Ga}} = \mathbf{1.8\,nm/min}$ gezeigt. Zunächst bleibt das Signal für eine Substrattemperatur von $\mathbf{T}_{Sub} = \mathbf{807}$ °C konstant, da keine Nukleation stattfindet und somit die gesamten, auf der Substratoberfläche eintreffenden Ga-Atome wieder desorbieren. Erst nach einer Absenkung der Substrattemperatur auf $\mathbf{T}_{Sub} = \mathbf{797}$ °C (bzw. nach $t_{\mathbf{Wac}} = \mathbf{60\,min}$) ist die Inkubationszeit auf dem Substrat kürzer als $t_{\mathbf{Wac}} = \mathbf{30\,min}$, sodass die Nukleation beginnt und somit das Desorptionssignal abnimmt. Diese Temperatur wird als Nukleationstemperatur für den gegebenen Ga-Fluss definiert.

In Abb. 4.12b sind die Nukleationstemperaturen auf Si(111) für Ga-Flüsse zwischen

4 Vorbereitung und Optimierung des selektiven Wachstum von Nanodrähten

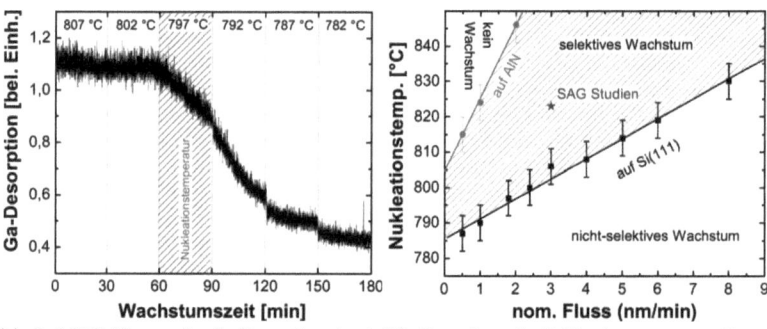

(a) LoS-QMS-Messung des Ga-Desorptionssignals in Abhängigkeit von der Wachstumszeit (Substrattemperatur).

(b) Darstellung der Nukleationstemperatur über dem zugehörigen Ga-Fluss.

Abbildung 4.12: Bestimmung der Nukleationstemperatur, d.h. der maximalen Substrattemperatur, bei der für ein vordefiniertes Zeitintervall (hier 30 min) und konstantem Ga-Fluss Nukleation stattfindet. Durch Variation des Ga-Flusses lassen sich die Wachstumsparameter für das selektive Wachstum eingrenzen.

$\phi_{Ga} = 0.5 - 8$ nm/min (schwarze Rechtecke) sowie zwischen $\phi_{Ga} = 0.5 - 2.0$ nm/min für die Nukleation auf AlN-Pufferschichten (rot ausgefüllte Kreise) aufgetragen. Dabei steigt die Nukleationstemperatur sowohl auf Si als auch auf AlN linear mit dem Ga-Fluss, wobei sich die Steigungen der beiden Geraden unterscheiden.

Durch die beiden Geraden lässt sich der zweidimensionale Parameterraum in drei Bereiche unterteilen. Für den Bereich oberhalb der Nukleationstemperatur für AlN (rote Linie in Abb. 4.12) findet auf keinem der beiden Substrate Wachstum statt, während unterhalb der Nukleationstemperatur von Si (schwarze Linie) auf beiden Substraten Nanodrähte nukleieren. Für den Bereich zwischen den beiden Linien (schraffierter Bereich) wachsen dagegen Nanodrähte auf der AlN-Pufferschicht, während auf dem Si kein Wachstum stattfindet. Da in dieser Arbeit eine AlN-Pufferschicht als Substrat benutzt wird, während die Maske auf Si-Basis ist (das Wachstum auf Si und SiO$_x$ ist nahezu äquivalent), lässt sich der schraffierte Bereich für das selektive Wachstum nutzen. Es gibt jedoch auch hier limitierende Faktoren. Für den Bereich nahe der Nukleationstemperatur auf Si (schwarze Linie) ist die Wachstumszeit, bis auch auf dem Si Nanodrähte nukleieren, begrenzt. Das bedeutet für eine Wachstumszeit, die größer als 30 min ist, geht die Selektivität auf Grund der Nukleation auf dem Si der Maske verloren. Für den Bereich nahe der Nukleationstemperatur auf AlN kann man zwar nahezu beliebig lang wachsen, jedoch ist die Wachstumsrate der Nanodrähte durch Dekomposition stark reduziert, sodass auch hier nur eine begrenzte Deposition von GaN möglich ist. Für Substrattemperaturen über $\mathbf{T}_{Sub} = 840$ °C sollte das Wachstum irgendwann komplett durch die Dekomposition von GaN unterdrückt sein. Auf Grund der limitierten Heizleistung des Substratheizer ließen sich Temperaturen oberhalb von $\mathbf{T}_{Sub} = 840$ °C jedoch nicht experimentell realisieren. Durch die Einschränkungen nahe der Bereichsgrenzen sind prinzipiell Parameter in der Mitte des schraffierten Bereichs am sinnvollsten. Für die Studien in Abschnitt 5.1 und 5.2 wurde, falls nicht anders erwähnt, eine Substrattemperatur von $\mathbf{T}_{Sub} = 823$ °C bei einem Ga-Fluss von $\phi_{Ga} = 3$ nm/min

(a) $\phi_N = 13$ nm/min (b) $\phi_N = 10$ nm/min (c) $\phi_N = 7$ nm/min

Abbildung 4.13: SEM-Aufsichtsbilder von selektiv gewachsenen GaN Nanodrähten auf dem Substrattyp iii bei unterschiedlichen N-Flüssen.

benutzt (blauer Stern in Abb. 4.12b).

4.5 Einfluss der Wachstumsparameter auf die Morphologie

Nachdem bereits an nicht selektiv gewachsenen Proben Voruntersuchungen zu geeigneten Wachstumsparametern für die Substrattemperatur ($\mathbf{T}_{Sub} = \mathbf{823}$ °C) und dem Ga-Fluss ($\phi_{\mathbf{Ga}} = \mathbf{3}$ nm/min) durchgeführt wurden, wird in diesem Abschnitt anhand von selektiv gewachsenen Proben auf einem Substrattyp Typ-iii-Substrat bei drei unterschiedlichen N-Flüssen ($\phi_{\mathbf{N}} = \mathbf{7 - 13}$ nm/min) der Einfluss des N-Flusses untersucht. Da das Wachstum von Nanodrähten unter extrem stickstoffreichen Bedingungen stattfindet, ist bei nicht-selektiv gewachsenen Nanodrähten bei einer Variation der N-Parameter typischerweise kein signifikanter Unterschied feststellbar. Im Gegensatz dazu sind für das selektive Wachstum Änderungen, wie in Abb. 4.13 sichtbar ist, deutlich identifizierbar. Für den höchsten N-Fluss von $\phi_{\mathbf{N}} = \mathbf{13}$ nm/min sind Nanodrähte mit ausgeprägten Durchmessern und Längen auf den AlN-Inseln gewachsen, die in verschiedene Richtungen orientiert sind (Einflüsse des Substrats werden in Abschnitt 5.1.1 diskutiert). Zusätzlich sind auf dem Substrat Nukleationspunkte von parasitär gewachsenem GaN zu erkennen. Bei einer Reduktion des N-Flusses auf $\phi_{\mathbf{N}} = \mathbf{10}$ nm/min ist das parasitäre Wachstum komplett unterdrückt, jedoch ist ebenfalls das insgesamte, deponierte Volumen geringer. Bei einer weiteren Reduktion des N-Flusses auf $\phi_{\mathbf{N}} = \mathbf{7}$ nm/min wird das Wachstum stark unterdrückt und nur noch vereinzelt sind kleinvolumige Nanodrähte nukleiert. Für die folgenden Untersuchungen der weiteren Parameter wurde der höchste N-Fluss genutzt, um möglichst effizient die GaN Nanodrähte zu wachsen.

Durch die Voruntersuchungen in Abschnitt 4.4 lässt sich bereits ein Bereich für die optimalen Wachstumsparameter des Ga-Flusses und der Substrattemperatur eingrenzen. Da jedoch für das selektive Wachstum Substrate mit SiO$_x$-Masken benutzt wurden und die Nukleationstemperatur auch von anderen Einflüssen abhängen kann, wie z.B. die Rauhigkeit der Substrate, werden in diesem Abschnitt die Einflüsse der einzelnen Parameter auf das selektive Wachstum im Detail untersucht werden.

Substrattemperatur In Abb. 4.14 ist eine Serie von Proben auf dem Substrattyp vi gezeigt, bei der die Substrattemperatur von $\mathbf{T}_{Sub} = \mathbf{815 - 835}$ °C variiert wurde, während die weiteren Parameter ($\phi_{\mathbf{N}} = \mathbf{18}$ nm/min, $\phi_{\mathbf{Ga}} = \mathbf{2}$ nm/min, $t_{\mathbf{Wac}} = \mathbf{2}$ h) konstant gehalten wurden. Für die niedrigste Substrattemperatur von $\mathbf{T}_{Sub} = \mathbf{815}$ °C ist sowohl auf der SiO$_x$-Maske, als auch aus den Löchern Nanodrahtwachstum zu erkennen. Trotz des parasitären Wachstums ist eine Selektivität erkennbar, da die Nanodrähte auf der Maske

4 Vorbereitung und Optimierung des selektiven Wachstum von Nanodrähten

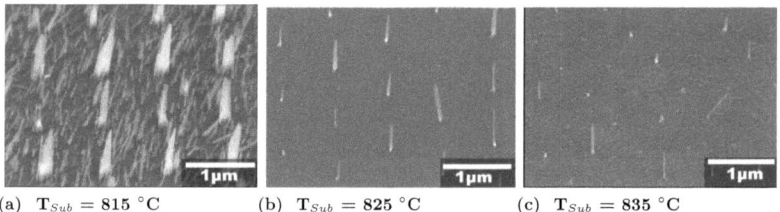

(a) $T_{Sub} = 815\ °C$ (b) $T_{Sub} = 825\ °C$ (c) $T_{Sub} = 835\ °C$

Abbildung 4.14: SEM-Schrägansichtsbilder von bei unterschiedlichen Substrattemperaturen, selektiv gewachsenen GaN-Nanodrähten.

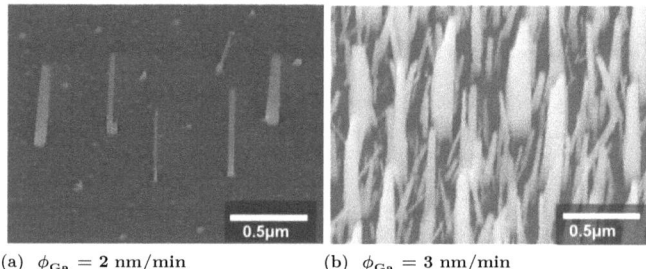

(a) $\phi_{Ga} = 2\ nm/min$ (b) $\phi_{Ga} = 3\ nm/min$

Abbildung 4.15: SEM-Schrägansichtsbilder von bei unterschiedlichen Ga-Flüssen, selektiv gewachsenen GaN-Nanodrähten.

kleinere Längen und Durchmesser haben im Vergleich zu den selektiv gewachsenen. Wird die Substrattemperatur auf $T_{Sub} = 825\ °C$ erhöht, so lässt sich das parasitäre Wachstum komplett unterdrücken, wie in Abb. 4.14b erkennbar ist. Obwohl das insgesamt deponierte Volumen abnimmt, sind die Löcher in der Maske zum größten Teil mit Nanodrähten besetzt. Für eine weitere Temperaturerhöhung um $\Delta T = 10\ °C$ auf $T_{Sub} = 835\ °C$ bleibt die Selektivität erhalten, jedoch reduziert sich das insgesamt deponierte Volumen deutlich und die Lochbesetzungswahrscheinlichkeit sinkt auf unter 50 %. Auch die Variation in Durchmesser und Länge nimmt deutlich zu. In Bezug auf die Homogenität der Drähte und der Unterdrückung des parasitären Wachstums scheint eine mittlere Temperatur von $T_{Sub} = 825\ °C$ optimal zu sein.

Einfluss des Ga-Flusses Ein weiterer, wichtiger Wachstumsparameter ist der Ga-Fluss. In Abb. 4.15 ist der Vergleich zweier Proben mit Ga-Flüssen von $\phi_{Ga} = 2\ nm/min$ und $\phi_{Ga} = 4\ nm/min$ gezeigt. Für einen Ga-Fluss von $\phi_{Ga} = 2\ nm/min$ wachsen die Nanodrähte ausschließlich aus den Löchern in der Maske, während auf der Maske keine Nukleation stattfindet. Wird der Ga-Fluss auf $\phi_{Ga} = 4\ nm/min$ erhöht, findet ähnlich wie bei einer niedrigen Substrattemperatur überall Wachstum statt, wobei die Nanodrähte, die aus den Löchern gewachsen sind, ein größeres Volumen aufweisen.

Einfluss der Wachstumszeit Als letzter Wachstumsparameter wurde die Wachstumszeit untersucht. Hierzu sind in Abb. 4.16 drei Proben mit unterschiedlichen Wachstumszeiten

4.5 Einfluss der Wachstumsparameter auf die Morphologie

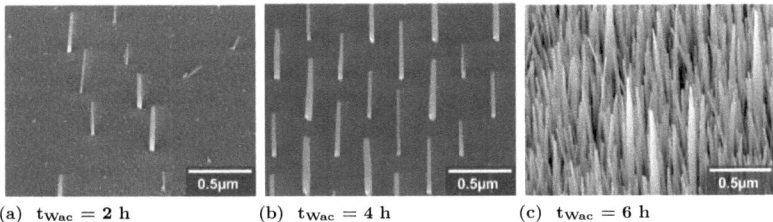

(a) $t_{Wac} = 2$ h (b) $t_{Wac} = 4$ h (c) $t_{Wac} = 6$ h

Abbildung 4.16: SEM-Schrägansichtsbilder von selektiv gewachsenen GaN-Nanodrähten für unterschiedliche Wachstumszeiten bei ansonsten identischen Parametern.

$t_{Wac} = 2 - 6$ h dargestellt. Für die kürzeste Wachstumszeit von $t_{Wac} = 2$ h sind knapp die Hälfte der Löcher mit Nanodrähten besetzt, wobei die Länge und der Durchmesser der Nanodrähte stark variiert. Wird die Wachstumszeit auf $t_{Wac} = 4$ h erhöht, ist weiterhin kein parasitäres Wachstum auf der Maske zu erkennen, während die Homogenität der Nanodrähte und die Lochbesetzungswahrscheinlichkeit zunimmt. Erst für eine Wachstumszeit von $t_{Wac} = 6$ h ist parasitäres Wachstum feststellbar. Die selektiv gewachsenen Nanodrähte sind noch deutlich identifizierbar.

Diskussion Vergleicht man die Ergebnisse aus den selektiv gewachsenen Serien mit der Vorserie zu den nicht selektiv gewachsenen Nanodrähten so wird deutlich, dass das Parameterfenster für das selektive Wachstum deutlich kleiner ist als der an nicht selektiv gewachsenen Nanodrähten bestimmte Bereich. Da die Studie der nicht selektiv gewachsenen Proben für ein Zeitintervall von $t_{Wac} = 30$ min durchgeführt wurde, lässt sich diese Verschiebung der unteren Grenze des selektiven Bereichs in Bezug auf die Nukleationstemperatur zu höheren Werten verstehen. Bemerkenswerterweise liegen die aus den selektiv gewachsenen Serien bestimmten, optimalen Wachstumsparameter mittig zwischen den Grenzen des nicht selektiv bestimmten Bereichs (siehe blauer Stern in Abb. 4.12b), sodass die Bestimmungsmethode durchaus sinnvoll ist.

Vergleicht man die drei selektiven Wachstumsserien, so sind einige Gemeinsamkeiten auffällig. Zunächst einmal ist das generelle Wachstumsverhalten ähnlich, das bedeutet für einen zu hohen Ga-Fluss, eine zu niedrige Substrattemperatur oder eine zu lange Wachstumszeit im Vergleich zu den optimalen Parametern tritt parasitäres Wachstum auf. In allen drei Fällen ist dabei die Selektivität, das bedeutet die bevorzugte Nukleation in den Löchern, erhalten, was an einem größeren Volumen der selektiv gewachsenen Nanodrähte erkennbar ist. Weiterhin besitzen die unter parasitärem Wachstum deponierten, selektiven Nanodrähte eine Verjüngung des Durchmessers zur Spitze hin, was ansonsten nicht beobachtet werden konnte. Für eine Veränderung der Wachstumsparameter in entgegengesetzter Richtung, ist in allen drei Fällen ein insgesamt geringeres deponiertes Volumen und eine geringere Lochbesetzungswahrscheinlichkeit zu beobachten.

Dies lässt sich dadurch verstehen, dass ein Teil der eintreffenden Ga-Atome auf Grund der hohen Substrattemperaturen wieder desorbiert. Ist die Temperatur zu niedrig, bzw. der Ga-Fluss zu hoch, verbleibt ausreichend Ga auf der Oberfläche, damit sich Nukleationskeime auf der Maske bilden können. Wird die Temperatur erhöht, bzw. der Ga-Fluss erniedrigt, erhöht sich die Zeit, bis der kritische Wert für die Nukleation auf der Maske erreicht wird und das Wachstum findet nur in den Löchern auf dem AlN statt. Werden die

4 Vorbereitung und Optimierung des selektiven Wachstum von Nanodrähten

Wachstumsparameter weiter verändert, nimmt das insgesamt deponierte Volumen ab, da bei einem niedrigerem Ga-Fluss weniger Material die Oberfläche erreicht bzw. bei erhöhter Temperatur mehr desorbiert. Zusätzlich nimmt die Dekomposition zu.

Vergleicht man die unter parasitärem Wachstum mit den bei optimalen Bedingungen gewachsenen Nanodrähten, so ist bei einer Variation der Substrattemperatur, bzw. des Ga-Flusses, die Höhe der Nanodrähte und der Durchmesser an der Spitze vergleichbar, während im unteren Bereich der Durchmesser bei parsitärem Wachstum größer ist. Für die Zeitserie sind die selektiv gewachsenen Nanodrähte zum Teil von den auf der Maske gewachsenen Nanodrähten verdeckt. Da jedoch der sichtbare Teil vergleichbar mit den Nanodrähten mit der kürzeren Wachstumszeit ist, scheint die Länge der Nanodrähte im Gegensatz zu den anderen beiden Serien zugenommen zu haben. Der Durchmesser an der Spitze der sich verjüngenden Nanodrähte ist dabei kleiner im Vergleich zu den zeitlich kürzer gewachsenen Nanodrähten, während im unteren Bereich der länger gewachsenen Nanodrähte der Durchmesser vergleichbar ist. Da zunächst die Nanodrähte mit einem konstanten Durchmesser wachsen, lässt sich aus der Verjüngung schließen, dass durch die Nukleation von Nanodrähten auf der Maske die Wachstumsbedingungen an der Spitze des Nanodrahtes sich ändern müssen. Dies lässt sich dadurch erklären, dass Ga-Atome vom Substrat über die Seitenfacetten zur Spitze des Nanodrahtes diffundieren und dort zum Wachstum beitragen können. Beginnt die Nukleation auf der Maske, werden dort ebenfalls eintreffende Ga-Atome eingebaut, die Menge an Ga-Atomen, die noch zu den selektiven Nanodrähten diffundieren können, nimmt ab und der effektive Fluss der Ga-Atome reduziert sich. Prinzipiell könnte man die Beobachtung auch mit einer Readsorption von Ga-Atomen auf den Seitenfacetten erklären. Das bedeutet, dass Ga-Atome, die von den Seitenfacetten desorbieren, mit einer gewissen Wahrscheinlichkeit einen benachbarten Nanodraht treffen und dort wieder zum Wachstum beitragen können. Dadurch erhöht sich der effektive Fluss bei näher beisammen stehenden Nanodrähten. Wie jedoch in Abschnitt 5.2.1 noch bei einer eingehenden Untersuchung zu den Diffusionsprozessen während des selektiven Wachstums gezeigt wird, nimmt das Volumen für größere Abstände zu, sodass eine Readsorption von Ga-Atomen als Ursache ausgeschlossen werden kann.

Eine weitere wichtige Erkenntnis gewinnt man aus dem axialen Wachstum der Nanodrähte für unterschiedliche Ga-Flüsse oder Substrattemperaturen. Da dieses nahezu unbeeinflusst von einer Variation des Ga-Flusses und der Substrattemperatur ist, und diese beiden Parameter sich in erster Linie auf die Zufuhr von Ga-Atomen auswirken, resultiert daraus, dass das axiale Wachstum für eine Wachstumszeit von $\mathbf{t_{Wac} = 2h}$ nicht von der Ga-Zufuhr abhängt und somit stickstofflimitiert ist. Eine genauere Analyse der Längen- und Durchmesserentwicklung mit der Zeit findet in Abschnitt 5.2.1 statt.

4.6 Einfluss der Maskenparameter auf das Wachstum

Neben den Wachstumsparameter können auch die Durchmesser und der Abstand der Löcher Einfluss auf die Morphologie der Nanodrähte haben. Während der Abstand der Nanodrähte in erster Linie auf die Versorgung mit Ga Einfluss hat, kann der Lochdurchmesser eine deutlich größere Auswirkung auf die Morphologie und insbesondere auf die Nukleation nehmen. In diesem Abschnitt soll zunächst nur der Einfluss auf die Morphologie zu Optimierungszwecken eingegangen werden und deren Homogenität bezüglich Durchmesser und Länge diskutiert werden, während in den folgenden Abschnitten 5.1 und 5.2 die Nukleations- und Diffusionsprozesse diskutiert werden.

In Abb. 4.17 sind SEM-Aufnahmen in Schrägansicht zu Proben mit $\mathbf{t_{Wac} = 4\ h}$ für

4.6 Einfluss der Maskenparameter auf das Wachstum

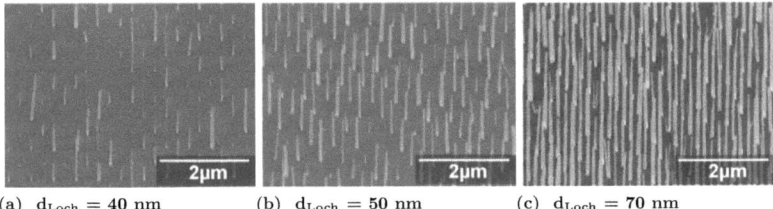

(a) $d_{Loch} = 40$ nm   (b) $d_{Loch} = 50$ nm   (c) $d_{Loch} = 70$ nm

Abbildung 4.17: SEM-Schrägsichtbilder für unterschiedliche Lochdurchmesser bei gleichen Wachstumsbedingungen.

Lochdurchmesser mit $d_{Loch} = 40 - 70$ nm dargestellt. Hier sei nochmal darauf hingewiesen, dass die Felder mit unterschiedlichen Lochdurchmessern im Zentrum der Probe innerhalb von einem Bereich von einem Quadrat mit einer Kantenlänge von weniger als 1 mm angeordnet waren, sodass die Wachstumsbedingungen als identisch angenommen werden können. Da die Variation hier nicht so stark wie bei der Variation der Wachstumsparameter ist und kein parasitäres Wachstum auftrat, wurden statistische Analysen an den gewachsenen Nanodrähten durchgeführt. Dazu wurden die Länge und der Durchmesser der einzelnen Nanodrähte mit dem Programm „ImageJ" erfasst und anschließend Histogramme zu den beiden Größen erzeugt (siehe Abb. 4.18). An die Daten wurden anschließend, soweit möglich, Gaußfunktionen angepasst, und daraus das Zentrum und die Halbwertsbreiten (engl. Full width at half maximum (FWHM)) der Gaußkurven ermittelt. Für Lochdurchmesser von $d_{Loch} = 40 - 60$ nm war keine Anpassung möglich, sodass hier die einfach Halbwertsbreite benutzt wurde. Löcher, aus denen kein Nanodraht gewachsen ist, wurden in der Statistik nicht mitbewertet, eine tiefergehende Analyse dazu findet im Abschnitt 5.1.2 zu der Nukleation der Nanodrähte statt.

Für den kleinsten Durchmesser von $d_{Loch} = \mathbf{40}$ **nm** liegt die Halbwertsbreite der Länge bei **FWHM = 650 nm** bei einem Mittelwert von $\bar{l}_{ND} = \mathbf{215}$ **nm**. Im Gegensatz zu der sehr breiten Verteilung der Länge hat der Durchmesser eine Halbwertsbreite von **FWHM = 39 nm** bei einem Mittelwert von $\bar{d}_{ND} = \mathbf{44}$ **nm**. Für eine leichte Erhöhung des Lochdurchmessers auf $d_{Loch} = \mathbf{50}$ **nm** verschiebt sich der Mittelwert der Länge deutlich zu $\bar{l}_{ND} = \mathbf{1275}$ **nm** während die Halbwertsbreite nur leicht abnimmt **FWHM = 500 nm**. Der Mittelwert des Durchmessers, als auch die Halbwertsbreite, nehmen leicht zu ($\bar{d}_{ND} = \mathbf{68}$ **nm**, **FWHM = 54 nm**). Ab einem Lochdurchmesser von $d_{Loch} = \mathbf{60}$ **nm** nimmt die Halbwertsbreite der Länge drastisch auf **FWHM = 150 nm** ab, während die Länge sich leicht auf $\bar{l}_{ND} = \mathbf{1325}$ **nm** erhöht. Der Durchmesser der Nanodrähte nimmt vergleichbar zur vorigen Entwicklung leicht zu ($\bar{d}_{ND} = \mathbf{87}$ **nm**), während sich die Halbwertswerte verbessert (**FWHM = 48 nm**). Für eine weitere Erhöhung des Lochdurchmessers auf $d_{Loch} = \mathbf{70}$ **nm** erhöht sich die Länge weiterhin leicht zu ($\bar{l}_{ND} = \mathbf{1400}$ **nm**), während die Halbwertsbreite erneut etwas zunimmt (**FWHM = 205 nm**). Der Mittelwert und die Halbwertsbreite des Durchmessers bleibt nahezu konstant ($\bar{d}_{ND} = \mathbf{87}$ **nm**, **FWHM = 49 nm**). Für eine signifikante Vergrößerung des Lochdurchmessers (hier $d_{Loch} = \mathbf{135}$ **nm**) nimmt die Länge deutlich, jedoch nicht proportional zum Lochdurchmesser, auf $l_{ND} = \mathbf{1555}$ **nm** zu, die Halbwertsbreite steigt auf **FWHM = 225 nm**. Der Lochdurchmesser nimmt vergleichbar zur Länge leicht zu ($\bar{d}_{ND} = \mathbf{141}$ **nm**), ebenso die Halbwertsbreite (**FWHM = 68 nm**).

4 Vorbereitung und Optimierung des selektiven Wachstum von Nanodrähten

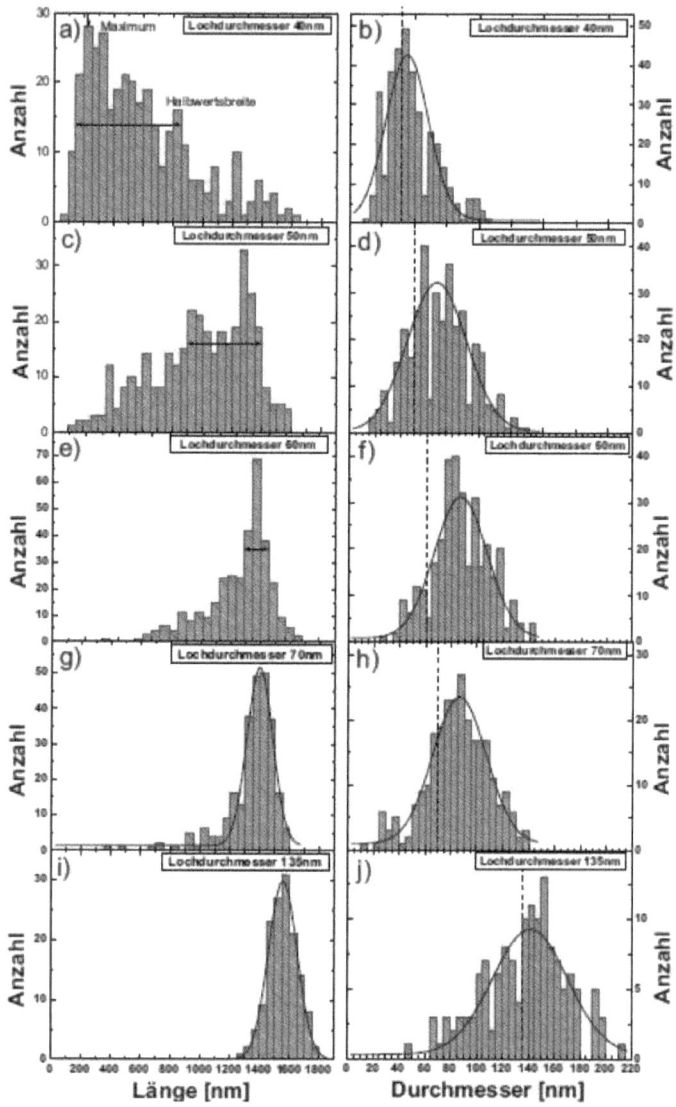

Abbildung 4.18: Histogramme (rot) zur statistischen Analyse der Morphologie bei unterschiedlichen Lochdurchmessern bei einer Wachstumszeit von 4h. Die Gauß-Anpassungskurven sind in schwarz dargestellt. Für Proben ohne Anpassung signalisieren die Doppelpfeile die Halbwertsbreite. Der Lochdurchmesser ist als gestrichelte Linie eingezeichnet.

Neben der Homogenität der Abmaße gibt es noch zwei weitere, wichtige Faktoren in Bezug auf die optimale Morphologie. Zum Einen ist die Lochbesetzungswahrscheinlichkeit für die Bauteileherstellung sehr wichtig. Hier ist lediglich für einen Lochdurchmesser von $d_{Loch} = 40$ nm eine signifikante Reduktion der Lochbesetzungswahrscheinlichkeit auf 70% festzustellen. Der zweite wichtige Faktor ist die Anzahl der Nukleationskeime pro Loch. Insbesondere für größere Löcher können mehrere Nanodrähte pro Loch nukleieren, die durch das laterale Wachstum koaleszieren, wodurch Defekte in Form von Stapelfehler eingebaut werden können. Für den größten Lochdurchmesser von $d_{Loch} = 135$ nm ist bei 85 % der Löcher mehr als zwei Nanodrähte nukleiert. Für einen Durchmesser von $d_{Loch} = 70$ nm fällt der Wert bereits drastisch auf 25% und sinkt für eine weitere Reduktion kontinuierlich weiter, bis bei $d_{Loch} = 40$ nm keine multiple Nukleation mehr erkennbar ist. Da jedoch für die Analyse nur SEM-Bilder zur Verfügung stehen, kann eine Mehrfachnukleation von Nanodrähten, die durch das laterale Wachstum schon unmittelbar zu Beginn koaleszieren, nicht mehr festgestellt werden.

Für eine optimale Probe sollte sowohl die Varianz der Abmaße des Nanodrahtes als auch die Anzahl der Löcher mit Mehrfachnukleation, bei einer hohen Lochbesetzungswahrscheinlichkeit, minimal sein. Dies trifft für einen Lochdurchmesser von $d_{Loch} = 60$ nm zu, der im nächsten Abschnitt näher diskutiert wird.

4.7 Wachstum unter optimalen Bedingungen

In Abb. 4.19 sind SEM-Bilder von selektiv gewachsenen Nanodrähten in Schräg- (Abb. 4.19a und 4.19c) und Aufsicht (Abb. 4.19b 4.19d) mit unterschiedlichen Vergrößerungen zu einem Lochdurchmesser von $d_{Loch} = 60$ nm bei einer Periode von $P = 1$ μm gezeigt. In den Übersichtsaufnahmen in Abb. 4.19a und ima:sagganwac5b ist gut die gleichmäßige Besetzung der Löcher mit Nanodrähten über einen weiten Bereich bei gleichzeitiger Abszens von parasitär nukleierten Nanodrähten zu erkennen. In den Ecken und im Zentrum des Feldes wurden größere Löcher als Markerstrukturen geätzt, sodass dort das Wachstum stärker hervorgehoben ist. Anhand der Vergrößerung in Abb. 4.19c lässt sich weiterhin deutlich erkennen, dass die einzelnen Nanodrähte im Allgemeinen eine homogene Größe aufweisen. Dennoch sind Abweichungen von der perfekten Morphologie in Form von Verjüngungen zur Spitze hin und Koaleszenz im unteren Bereich des Nanodrahtes zu erkennen. Deutlich wird dies auch durch die Inhomogenität der Durchmesser an der Spitze der Nanodrähte, die in der vergrößerte Aufsicht in Abb. 4.19d erkennbar ist. Dabei ist jedoch zu beachten, das manche Nanodrähte eine leichte, im Vergleich zu nicht selektiv gewachsenen Nanodrähten deutlich geringere Verkippung zur Oberflächennormalen des Substrates besitzen, was zu einer Verlängerung der Projektion des Durchmessers in der Richtung der Verkippung führt. Vergleicht man die gerade ausgebildeten Seitenfacetten der Nanodrähte, so ist eine parallele Ausrichtung zu erkennen, die auf eine gleiche Orientierung der Kristallstruktur hindeutet.

4.8 Zusammenfassung

Durch die Voruntersuchung an nicht selektiv gewachsenen Nanodrähten bei hohen Substrattemperaturen in Abschnitt 4.4 konnten bereits wichtige Erkenntnisse für das selektive Wachstum gewonnen werden. Im Unterabschnitt 4.4.1 wurden die bei hohen Temperaturen beobachteten, schräg gewachsenen GaN-Nanodrähte analysiert und ihr Wachstum konnte, auf Grund der Erkenntnisse in 5.1.1, auf die Nukleation an Unebenheiten der Si-Oberfläche

4 Vorbereitung und Optimierung des selektiven Wachstum von Nanodrähten

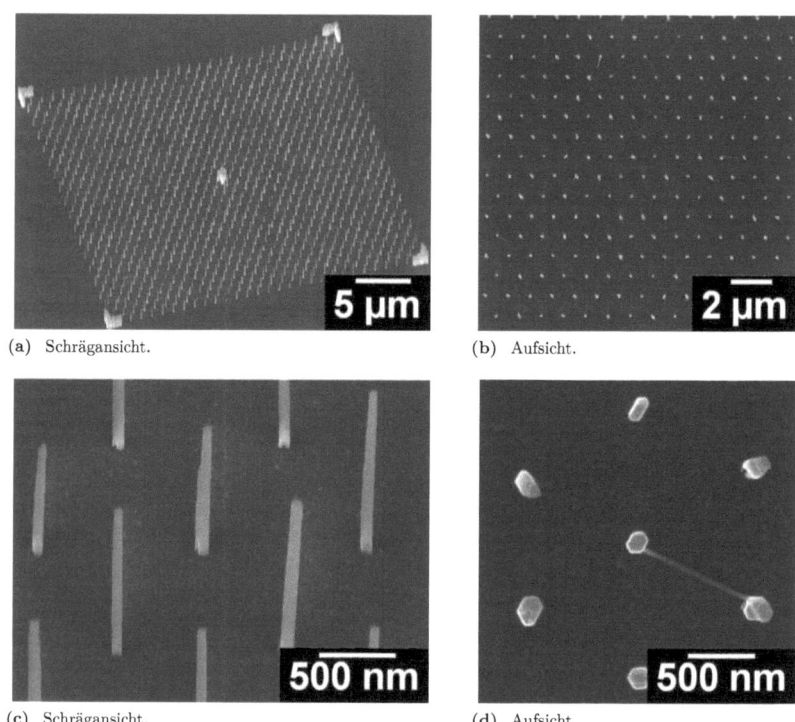

(a) Schrägansicht. (b) Aufsicht.

(c) Schrägansicht. (d) Aufsicht.

Abbildung 4.19: SEM-Bilder zum Wachstum unter optimalen Bedingungen.

4.8 Zusammenfassung

zurückgeführt werden. Insbesondere für das selektive Wachstum folgt daraus, dass die Maske möglichst glatt und damit sauber sein muss, um parasitäres Wachstum effektiv unterdrücken zu können. Im darauffolgenden Unterabschnitt 4.4.2 wurde die Desorption von Ga während des Wachstums der Nanodrähte mit einem LoS-QMS untersucht, die sich bei den hohen Temperaturen anders bei dem Wachstum im Vergleich zu dem Wachstum bei moderaten Temperaturen verhält. Der durch die ständige Nukleation hervorgerufene Abfall des Desorptionssignals führt bei moderaten Temperaturen nach dem Abfall zu einer Sättigung, in der ein Gleichgewicht zwischen eintreffendem Fluss, Desorption, Dekomposition und Einbaurate herrscht. Für das Wachstum bei hohen Temperaturen dagegen steigt das Desorptionssignal nach dem Abfall zunächst wieder an, bevor es nahe der eintreffenden Ga-Rate sättigt. Dieser Anstieg konnte auf die Dekomposition an den Seitenfacetten des Nanodrahtes zurückgeführt werden. Zusätzlich kann die Dekomposition an der Seitenfacette, im Unterschied zur oberen Facette, wo die Dekomposition weniger stark ausgeprägt ist, durch Ga reduziert werden. Da für das selektive Wachstum Nukleation in den Löchern, also auf dem Substrat (AlN), und nicht auf der Maske (Si) stattfinden soll, konnte durch den Vergleich der Nukleation auf den beiden Materialen im Unterabschnitt 4.4.3 der Parameterbereich für das selektive Wachstum grob abgeschätzt werden.

Anhand von selektiv gewachsenen Nanodrähten wurde als erster Schritt in Abschnitt 4.5 der Einfluss der Wachstumsparameter auf die Morphologie der Nanodrähte untersucht. Interessanterweise führten eine Variation des Ga-Flusses und der Wachstumszeit, als auch in entgegengesetzter Richtung eine Variation der Substrattemperatur, zu ähnlichen Einflüssen auf die Morphologie der Nanodrähte. Für einen zu niedrigen (hohen) Ga-Fluss / Wachstumszeit (Substrattemperatur) ist die Lochbesetzungswahrscheinlichkeit unter 100 % und die Abmaße der Nanodrähte variiert stark. Für eine Erhöhung (Verringerung) der Parameter erhöht sich sowohl die Lochbesetzungswahrscheinlichkeit, als auch die Homogenität der Nanodrähte. Für zu hohe (niedrige) Parameter setzt parasitäres Wachstum auf der Maske ein. Dabei ist die Selektivität zwar erhalten, da die Nanodrähte, die in den Löchern gewachsen sind, immer noch stärker ausgeprägt sind als die auf der Maske, jedoch nimmt der Nanodrahtdurchmesser zur Spitze hin ab. Die Homogenität der Nanodrähte ließ sich dabei durch die Zufuhr von Ga durch die Diffusion auf dem Substrat und den Seitenfacetten erklären. Die hier bestimmten, optimalen Wachstumsparameter liegen bei $\mathbf{T}_{Sub} = 825\ °\mathbf{C}$, $\mathbf{\phi_{Ga}} = 3\ \mathbf{nm/min}$ und $\mathbf{t_{Wac}} = 4\ \mathbf{h}$. Diese Werte beziehen sich aber nur auf den hier untersuchten Parameterraum.

In Abschnitt 4.6 wurde der Einfluss des Lochdurchmessers untersucht. Ein optimaler Wert wurde für $\mathbf{d_{Loch}} = 60\ \mathbf{nm}$ festgestellt, da dort die Variation der Länge und des Durchmessers der Nanodrähte sowie die Mehrfachnukleation minimal ist, bei einer gleichzeitig 100 %igen Lochbesetzungswahrscheinlichkeit. Für kleinere Lochdurchmesser sinkt die Lochbesetzungswahrscheinlichkeit und die Inhomogenität der Länge nimmt deutlich zu, während für größere Lochdurchmesser die Inhomogenität im Durchmesser als auch die Wahrscheinlichkeit für Mehrfachnukleation deutlich zunimmt. Abschließend wurde im Abschnitt 4.7 eine Probe unter optimalen Bedingungen gezeigt.

5 Analyse der Wachstumsmechanismen während des selektiven Wachstums von GaN-Nanodrähten

5.1 Analyse der Nukleation von selektiv gewachsenen GaN-Nanodrähten

Die Nukleation spielt eine wichtige Rolle beim selektiven Wachstum der GaN-Nanodrähte. Wie im Abschnitt 4.1 bereits beschrieben wurde, muss der Unterschied in der Inkubationszeit, das heißt die Nukleationsverzögerung, auf dem Substrat und der Maske hinreichend groß sein, damit überhaupt selektives Wachstum entsteht. Zusätzlich sollte die Inkubationszeit in den Löchern nicht variieren, da ab dem Zeitpunkt der Nukleation das Wachstum anfängt, und somit eine homogene Morphologie der Nanodrähte nur bei gleichzeitiger Nukleation gewährt werden kann.

Das folgende Kapitel 5 beschäftigt sich mit den Wachstumsmechanismen während des selektiven Wachstums. Dabei wird zunächst die Nukleation der selektiv gewachsenen Nanodrähte untersucht (5.1). Dazu wird durch das Wachstum auf unterschiedlichen Substraten (Abschnitt 5.1.1) und an Proben mit unterschiedlicher AlN-Pufferschicht (Abschnitt 5.1.2) Rückschlüsse auf den Einfluss der Nukleation auf die Nanodrahtmorphologie gezogen. Zusätzlich wird ein Modell zur Nukleation von Nanodrähten vorgeschlagen, was anschließend anhand von Proben mit sehr kurzer Wachstumszeit (Abschnitt 5.1.3) untermauert wird.

Abschnitt 5.2 beschäftigt sich mit der Diffusion von Ga-Atomen auf dem Substrat (Unterabschnitt 5.2.1) und an den Seitenfacetten (Abschnitt 5.2.2), die beide einen wichtigen Einfluss auf das Wachstum haben. Abschließend sei noch angemerkt, dass das selektive Wachstum nicht nur zur Reduzierung der Defektdichte, sondern auch für die Herstellung von Nanobauelementen hilfreich ist. Durch das gezielte Positionieren der Nanodrähte lässt sich eine Kontaktierung von einzelnen Nanodrähten über Markerstrukturen realisieren, was eine notwendige Voraussetzung für die Bauteileherstellung ist. Zusätzlich üben die Abmaße des Nanodrahtes Einfluss auf die optischen und elektrischen Eigenschaften des Bauteils und müssen konsequenterweise ebenfalls kontrolliert werden. Diese beiden Themen werden abschließend im letzten Kapitel 6, dem Ausblick, erläutert.

5.1.1 Analyse des fundamentalen Mechanismus zur selektiven Nukleation von GaN-Nanodrähten

Wie bereits anhand der Literaturdiskussion in Abschnitt 2.4.1 deutlich geworden ist, ist die Analyse der Prozesse, die während des selektiven Wachstums auftreten und dieses entscheidend beeinflussen, außerordentlich komplex, da immer eine Überlagerung von verschiedenen Mechanismen vorhanden ist und eine Separation, bzw. die Reduzierung der Beobachtungen auf genau einen Prozess, nur selten möglich ist. Um dennoch eine Aussage über zugrunde liegende Mechanismen des selektiven Wachstums treffen zu können, soll in diesem Abschnitt der Unterschied zwischen Substraten mit verschiedenen Strukturen und

5 Analyse der Wachstumsmechanismen während des selektiven Wachstums

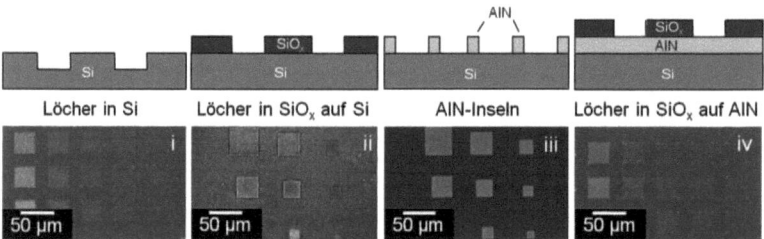

Abbildung 5.1: a) Schematische Zeichnung der hier verwendeten, verschiedenen Substrattypen i - v. b) SEM-Bilder in Aufsicht der zugehörigen Substrattypen.

Materialien untersucht werden. Die Idee ist dabei, das durch die unterschiedlichen Substrate und Masken die Mechanismen sich ändern und sich im Vergleich eindeutige Indizien herauskristallisieren lassen.

Wachstum auf unterschiedlichen Substraten In dieser Versuchsreihe wurden die Substrattypen i - iv verwendet, die in Abb. 5.1 mit den zugehörigen SEM-Übersichtsbilder dargestellt sind. Die selektiv gewachsenen Nanodrähte sind als helle Rechtecke deutlich vom Substrat unterscheidbar, wobei unterschiedliche Felddesigns benutzt wurden. Für den Substrattyp ii und iii wurde die Anzahl der Löcher, bzw. AlN-Inseln konstant gehalten, während der Durchmesser und der Abstand variiert wurde. Im Gegensatz dazu wurde für die Substrattypen i und iv die Kantenlänge der Felder konstant gehalten, sodass durch die Änderung der Durchmesser und Abstände die Anzahl der Löcher variiert.

Aufgrund des deutlichen Kontrastes zwischen den selektiv gewachsenen Nanodrähten und der umliegenden Maske in Abb. 5.1 lässt sich auf eine gute Selektivität zwischen dem Substrat und der Maske schließen. Während für die Substrattypen ii – iv unterschiedliche Materialien zwischen Maske und Substrat vorhanden sind, wurden bei dem Substrattyp i lediglich Löcher in die Si(111)-Oberfläche geätzt. Daraus lässt sich schließen, dass neben den bereits diskutierten Mechanismen der Desorption und Diffusion, die in erster Linie durch unterschiedliche Materialien gegeben sind, ein weiterer Mechanismus dem selektiven Wachstum zugrunde liegen muss.

Ein Vergleich der unterschiedlichen Substrattypen für zwei verschieden Lochdurchmesser (100 und 50 nm) ist in Abb. 5.2 in der gleichen Reihenfolge, wie in der Übersicht in Abb. 5.1, gezeigt. Für den Substrattyp i in der ersten Spalte ist deutlich der Nachweis der oben getroffenen Aussage, dass außerhalb des strukturierten Bereiches keine Nukleation stattfindet, zu erkennen. Während aus fast allen Löchern in der Maske Nanodrähte gewachsen sind, und somit eine hohe Nukleationswahrscheinlichkeit vorhanden ist, variieren die Nanodrähte in Durchmesser und Länge stark. Die etwas verbesserte Homogenität der Nanodrahtabmaße für 50 nm Löcher (Abb. 5.2b) ist dadurch begründet, dass mit einer hohen Wahrscheinlichkeit nur ein Nanodraht pro Loch nukleiert ist, während bei einem Lochdurchmesser von 100 nm mehrere Nanodrähte nukleieren. Sowohl für die 50 nm, als auch für die 100 nm Löcher wachsen die Nanodrähte geneigt zur Oberfläche, wobei die Mehrheit der Nanodrähte eine spezielle Richtung aufweisen. Auf Grund der klaren Geometrieverhältnisse in der MBE ist dies die Richtung, in der die Ga-Zelle liegt bzw. aus der die Ga-Adatome eintreffen.

Für das Substrat mit einer SiO$_x$-Maske auf Si(111) (Substrattyp ii), lässt sich außer-

5.1 Analyse der Nukleation von selektiv gewachsenen GaN-Nanodrähten

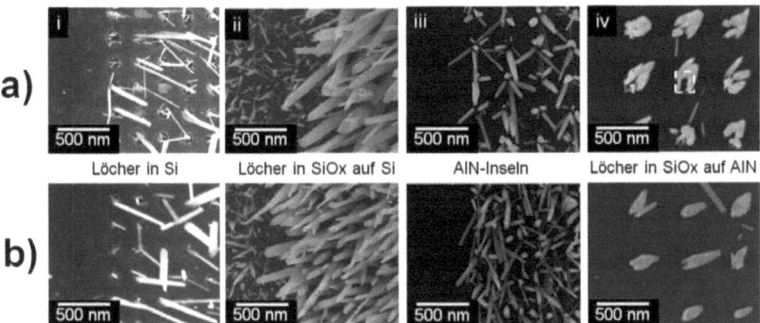

Abbildung 5.2: SEM-Bilder in Aufsicht für die Substrattypen i – iv mit einem Strukturdurchmesser von a) 100 nm und b) 50 nm. Das weiße, gestrichelte Rechteck für den Substrattyp iv deutet den Lochumfang an.

halb des strukturierten Bereichs kleinvolumiges Nanodrahtwachstum feststellen, sodass folglicherweise keine vollständige Selektivität gegeben ist. Vergleicht man jedoch dieses parasitäre Wachstum mit den selektiv gewachsenen Drähten so wird deutlich, dass das Volumen der selektiv gewachsenen Nanodrähte weitaus höher und somit eine Teilselektivität vorhanden ist. Wird weiterhin das selektiv deponierte Volumen vom Substrattyp ii mit den Ergebnissen zum Substrattyp i verglichen, gibt es auch hier einen signifikanten Unterschied, der, auf Grund des deutlich höheren Volumens für die Proben vom Substrattyp ii, auf eine leichte Fluktuation der Wachstumsbedingungen hindeutet. Unter der Annahme eines leicht erhöhten Ga-Flusses bzw. einer verringerten Substrattemperatur (beides würde das deponierte Volumen erhöhen), verändern die Wachstumsparameter auch die Nukleationswahrscheinlichkeit auf der Maske und ermöglichen somit das parasitäre Wachstum.

Der Durchmesser der Nanodrähte ist bei einem Lochdurchmesser von $d_{Loch} = 100$ nm, im Vergleich zu Nanodrähten die aus einem Loch mit $d_{Loch} = 50$ nm gewachsen sind, signifikant erhöht, was auf eine Kontrolle des Nanodrahtdurchmesser bei der Benutzung einer SiO$_x$-Maske hindeutet. Eine bevorzugte Neigung der Nanodrähte ist nicht vorhanden, bzw. auf Grund der hohen Dichte der Nanodrähte nicht feststellbar (schräg gewachsene Nanodrähte könnten von den senkrecht gewachsenen überdeckt sein).

Für die beiden Substrattypen iii (AlN-Inseln auf Si) und iv (SiO$_x$-Maske auf einer AlN-Pufferschicht) ist, wie für den Substrattyp i, kein parasitäres Wachstum auf der Maske erkennbar, woraus sich auf eine allgemeine Erreichbarkeit der selektiven Deposition für das System der Materialien Si, SiO$_x$ und AlN unabhängig der Strukturierung schließen lässt. Für den Substrattyp iii wachsen die Nanodrähte wie beim Substrattyp i verkippt, jedoch weisen sie keine allgemeine Vorzugsrichtung auf. Stattdessen wachsen sie ringförmig am Rand der AlN-Inseln mit einer Neigung, die von der Insel weggerichtet ist. Für eine Reduktion des Inseldurchmessers von $d_{Loch} = 100$ nm auf $d_{Loch} = 50$ nm lässt sich keine generelle Änderung des Nanodrahtdurchmesser erkennen, jedoch nimmt die Dichte der Nanodrähte leicht zu. In Übereinstimmung mit der Beobachtung auf dem Substrattyp i, dass die Nanodrähte eine bevorzugte Richtung aufweisen können, lässt sich für einen Lochdurchmesser von $d_{Loch} = 100$ nm eine leicht bevorzugte Verkippung beobachten, die jedoch nicht so stark ausgeprägt ist wie bei den GaN-Nanodrähten auf dem Substrattyp i.

5 Analyse der Wachstumsmechanismen während des selektiven Wachstums

Für den Substrattyp iv lässt sich ebenfalls kein parasitäres Wachstum entdecken, während die selektiv gewachsenen Nanodrähte deutlich ausgeprägt sind. Im Gegensatz zu den Substrattypen i und iii, wo eine Änderung des Strukturdurchmessers wenig Einfluss auf die Größe der Nanodrähte hat, lässt sich hier bei einer Variation der Lochdurchmesser eine Änderung des Nanodrahtdurchmessers feststellen. Betrachtet man die Ausrichtung der Nanodrähte, so sind diese deutlich weniger verkippt als die Nanodrähte auf den anderen, hier untersuchten Substrattypen. Im Gegensatz zur verbesserten Kontrolle der Nanodrahtdurchmesser ist die Form der Nanodrähte sehr stark gestört, was auf die Mehrfachnukleation in einem Loch zurückgeführt werden kann. Wachsen die Nanodrähte in einem Loch schräg zueinander, kann es zur Koaleszenz kommen, die bei einer hohen gegenseitigen Verkippung zu einer starken Störung der Nanodrahtform führen kann und somit die Beobachtung der unregelmäßigen Nanodrahtmorphologie erklärt. Im Einklang mit den vorigen Beobachtungen eines Einflusses der Ga-Zelle auf das Wachstum der Nanodrähte ist für die Probe mit $\mathbf{d_{Loch} = 100\ nm}$ eine bevorzugte Nukleation am oberen Rand des Loches, z.B. für den mittleren Nanodraht, erkennbar (das weiße Rechteck in Abb. 5.2 deutet den Lochumfang an).

Diskussion

Für die Interpretation der Ergebnisse ist es hilfreich zu wissen, dass ein Nanodraht offensichtlich erst anfangen kann zu wachsen, wenn er nukleiert ist. Da die Nukleationszeit variieren kann, ist ein größeres Volumen des Nanodrahtes bei identischen, äußeren Wachstumsbedingungen ein indirektes Indiz auf eine bevorzugte Nukleation auf dem Substrat. Wie bereits Consonni *et al.* in [58] gezeigt haben, ist die Nukleation auf dem Substrat u.a. abhängig von der Substrattemperatur und dem Ga-Fluss. Da unter extrem N-reichen Bedingungen gewachsen wird und eine Diffusion von N auf dem Substrat als unwahrscheinlich angenommen wird, kann eine lokale Variation des N-Angebotes vernachlässigt werden, bzw. es kann angenommen werden, dass das N-Angebot überall konstant ist. Die Substrattemperatur variiert zwar über dem Wafer, die Größenordnung der Variation um einige °C sollte im Zentrum des Wafers im mm-Bereich liegen, also um 5 Größenordnungen höher als der mittlere Abstand zwischen den Nanodrähten, sodass die Substrattemperatur als konstant angenommen werden kann. Damit verbleibt eine Variation des Ga-Angebotes als Ursache für die Nukleation.

Ein erster Hinweis für den Einfluss des Ga-Flusses auf das Wachstum der Nanodrähte ist die bevorzugte Orientierung der GaN-Nanodrähte auf den Substrattypen i und iv, sowie die Nukleation an einem Rand des Loches in Relation zur Ga-Zelle. Wie in [48] gezeigt wurde, wachsen GaN-Nanodrähte auf Si durch die Ausbildung einer dünnen Si_xN_y-Schicht nicht mehr epitaktisch, sondern bevorzugt senkrecht zur Oberfläche, auf der sie nukleiert sind. Dadurch konnte die Variation der Verkippung von GaN-Nanodrähten auf Unebenheiten in der Substratoberfläche zurückgeführt werden.

Für den Substrattyp i lässt sich folglich die bevorzugt Verkippung der Nanodrähte in eine Richtung auf eine Nukleation am Rand des Loches zurückführen. Eine konsistente Erklärung für diese Beobachtung lässt sich in Verbindung mit dem Einfall der Ga-Atome aus der Ga-Zelle treffen. Der eintreffende Ga-Fluss wird auf der einen Seite vom Loch durch die Lochkante abgeschattet, während auf der gegenüberliegenden Seite eine lokale Erhöhung der Ga-Adatom-Dichte stattfindet. Dies bedeutet, dass eine Ansammlung von Ga-Atomen an der Kante des Loches stattfindet, welche sich gegenüber der Ga-Zelle befindet. Folgt man der Erklärung von Consonni *et al.* sinkt durch die Erhöhung der eintreffenden Ga-Atome die Inkubationszeit, *sodass der Nanodraht im Falle des selektiven Wachstums dort*

5.1 Analyse der Nukleation von selektiv gewachsenen GaN-Nanodrähten

nukleiert, wo lokal eine Erhöhung der Anzahl an Ga-Atomen stattfindet.

Bei dem Großteil der Substrate ist eine bevorzugte Nukleation an einer Seite von dem Loch / der Insel, bzw. eine bevorzugte Neigung der Nanodrähte in die Richtung, aus der die Ga-Atome eintreffen, erkennbar. Die Diffusion von Ga-Atomen von dem Substrat zu dem Loch sowie eine unterschiedliche Desorption von Ga-Atomen in dem Loch und auf der Maske können ebenfalls eine Erhöhung der Ga-Adatomdichte zur Folge haben und weiterhin auftreten. Die Beobachtung der asymmetrischen Nukleation, bzw. Neigung, legt jedoch nahe, dass ein weiterer, grundlegender Mechanismus für das selektive Wachstum die hier beschriebene Ansammlung von Ga-Atomen an den Kanten der Strukturen ist. Es sei angemerkt, dass dieser Effekt nur bei fehlender Rotation des Substrates während des Wachstums eindeutig beobachtet werden kann, da für das Wachstum mit Rotation eine homogene Nukleation an der gesamten Loch- bzw. Inselkante zu erwarten ist und auch beobachtet wird. Dabei ist der Effekt nicht mehr von dem Einfluss durch die Diffusion unterscheidbar, da auch hier eine bevorzugte Nukleation an dem Rand des Loches zu erwarten ist.

Eine weitere, interessante Beobachtung ist die Verkippung der Nanodrähte zum Substrat. Während für Si und SiO_x eine Neigung typischerweise beobachtet wird, die durch die fehlende, epitaktische Beziehung gegeben ist, kann auf AlN epitaktisches Wachstum stattfinden, sodass die Orientierung der Nanodrähte durch die AlN-Pufferschicht vorgegeben ist. Da die Nanodrähte auf den Substrattypen iii und iv verkippt aufwachsen, kommen zwei mögliche Ursachen für diese Verkippung in Betracht. Das AlN ist gesputtert und ist deshalb amorph oder polykristallin. Dadurch können entweder die unterschiedlichen Kristallite verschiedene Orientierungen haben, die die Nanodrähte dann übernehmen, oder, falls das AlN amorph ist, wird die Orientierung der Nanodrähte durch die Oberflächenrauhigkeit vergleichbar zum Wachstum auf Si vorgegeben. Der Einfluss der AlN-Schicht auf das Nanodrahtwachstum wird in Abschnitt 5.1.2 anhand von unterschiedlich hergestellten AlN-Pufferschichten untersucht.

Vergleicht man die Ergebnisse für die Substrattypen iii und iv (Inseln und Löcher), so ist für den Substrattyp iv eine geringere Neigung bei einer gleichzeitig höheren Koaleszenz der Nanodrähte festzustellen. Dieses Phänomen lässt sich durch beide Erklärungsansätze konsistent interpretieren. Unter der Annahme eines polykristallinen Materials würden die Nanodrähte in alle Richtungen nukleieren können. Da jedoch eine Minimierung der Oberfläche aus energetischer Sicht günstig ist, würden bevorzugt dort Nanodrähte nukleieren, wo die c-Achse der AlN-Kristalle eine Nukleation in c-Richtung ermöglicht. Dadurch wachsen die Nanodrähte in alle Richtungen verkippt, wie es bei einer rauhen Oberfläche für amorphes Material zu erwarten ist. Auf Grund der Facettierung (oder Krümmung) der AlN-Inseln wachsen die GaN-Nanodrähte senkrecht zur Oberfläche und damit von den Inseln weggerichtet.

Für Löcher ist ein ähnliches Verhalten zu erwarten, jedoch sind die Nanodrähte hier von der Lochseitenkante weggeneigt, das bedeutet zur Lochmitte hin. Für sehr steile Neigungswinkel zur Substratnormalen besteht eine hohe Wahrscheinlichkeit der Koaleszenz und somit entweder ein Ende des Wachstums, oder eine Ausrichtung der Nanodrähte durch den Einbau von Versetzungen oder Verspannungen. Dadurch weisen diese Nanodrähte, im Vergleich zu den Nanodrähten, die auf AlN-Inseln gewachsen sind, eine bessere Ausrichtung zum Substrat, jedoch auch eine inhomogenere Form, bzw. eine stark gestufte Seiten- und obere Facette.

5 Analyse der Wachstumsmechanismen während des selektiven Wachstums

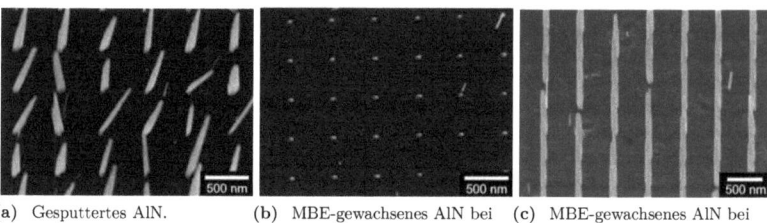

(a) Gesputtertes AlN. (b) MBE-gewachsenes AlN bei N-reichem V/III-Verhältnis von 3,3. (c) MBE-gewachsenes AlN bei leicht Al-reichem V/III-Verhältnis von 0,8.

Abbildung 5.3: Selektives Wachstum von GaN aus Löchern mit $d_{Loch} = 50$ **nm** auf unterschiedlich gewachsenen AlN-Schichten.

5.1.2 Einfluss der verschiedenen AlN-Pufferschichten auf die Nukleation

Zur Untersuchung des Einflusses der AlN-Pufferschicht auf das selektive Wachstum wurde sowohl gesputtertes, als auch MBE-gewachsenes AlN mit unterschiedlichen Wachtumsbedingungen als Pufferschicht hergestellt und eine SiO_x-Maske darauf prozessiert. Anschließend wurden die Substrate bei identischen Wachstumsbedingungen bewachsen und *ex-situ* mittels SEM, XRD und PL untersucht.

In Abb. 5.3 sind SEM-Bilder in Schrägansicht für selektiv gewachsene GaN-Nanodrähte auf einem Substrat mit gesputtertem AlN (Abb. 5.3a), sowie auf Substraten mit einer MBE-gewachsenen AlN-Schicht bei einem III/V-Verhältnis von 3,3 (Abb. 5.3b) und 0,8 (Abb. 5.3c) zu erkennen. Vergleicht man die verschiedenen Substrate, scheint selektives Wachstum für alle Substrate möglich zu sein, da unabhängig von der benutzten Pufferschicht aus den Löchern in der Maske GaN-Nanodrähte wachsen, während parasitäres Wachstum auf der Maske nicht vorhanden ist.

Für das gesputterte AlN wachsen einzelne Nanodrähte aus den Löchern, jedoch ist die Form der Nanodrähte sowie die kristalline Orientierung in der Ebene der Substratoberfläche inhomogen. Auch die Verkippung der Nanodrähte ist deutlich zu erkennen, was insgesamt auf eine nicht homogene Orientierung der Nanodrähte hindeutet. Die Ursache für diese Verkippung wurde bereits im vorigen Abschnitt 5.1.1 diskutiert und kann auf die AlN-Schicht zurückgeführt werden.

Für das MBE-gewachsene AlN bei hohen V/III-Verhältnissen ist, obwohl alle Löcher bewachsen sind, interessanterweise kein Nanodrahtwachstum feststellbar. Stattdessen sind selbst nach vier Stunden Wachstumszeit Inseln zu erkennen, die eine deutlich geringere Höhe als 100 nm aufweisen. Die Inseln besitzen dabei eine sehr homogene Größe, und passen sich für verschiedene Lochdurchmesser dem Loch an, wobei die Höhe nahezu konstant ist. Für einen Lochdurchmesser von $d_{Loch} = 150$ **nm** sind die Inseln interessanterweise in eine Richtung elongiert (Abb. 5.4), was erneut ein Hinweis auf die asymmetrische Geometrie der MBE hindeutet. Zusätzlich sind an einigen Inseln parasitär nukleierte Nanodrähte zu erkennen, die ebenfalls bevorzugt an der Seite nukleieren. Auf Grund der Länge der in Abb. 5.4 parasitär gewachsenen Nanodrähte lässt sich eine ungewollte Veränderung der Wachstumsparameter als Ursache für das Ausbleiben von Nanodrahtwachstum ausschließen. Eine tiefergehende Untersuchung dieser am Rand des Loches nukleierten Nanodrähte folgt in Abschnitt 5.1.3.

Für ein V/III-Verhältnis, welches während des Wachstum der AlN-Schicht kleiner als

5.1 Analyse der Nukleation von selektiv gewachsenen GaN-Nanodrähten

eins ist (V/III = 0,8), das bedeutet Al-reich, findet, im Gegensatz zum Wachstum auf N-reich gewachsenem AlN, Nanodrahtwachstum statt. Die Nanodrähte besitzen homogene Längen und Durchmesser und nahezu sämtliche Löcher sind mit Nanodrähten belegt. Einige Abweichungen der homogenen Nanodrahtstruktur sind erkennbar, die auf eine nicht perfekt gewachsenen AlN-Schicht, erkennbar zwischen den selektiv gewachsenen Nanodrähten, zurückzuführen sind.

In Abb. 5.5 sind die Ergebnisse der Röntgenanalyse eines $\omega/2\theta$-scans für die beiden Substrate mit MBE gewachsenem AlN zusammengefasst. Für die gesputterte Schicht ist kein AlN-Peak erkennbar, sodass dieses Spektrum nicht im Graph enthalten ist. Zusätzlich weist die Abwesenheit des AlN-Peaks auf eine allgemein schlechte Qualität der gesputterten Schicht hin. Im Gegensatz dazu ist für das unter N-reichen Bedingungen gewachsene AlN ein [0002]-Reflex bei $\omega = 18$ ° mit einer Halbwertsbreite von **FWHM = 0.35** ° zu erkennen, der für das Al-reich gewachsene AlN leicht an Intensität zunimmt, während die Halbwertsbreite von **FWHM = 0.33** ° nahezu konstant bleibt. Daraus lässt sich schließen, dass prinzipiell das MBE-gewachsene AlN eine deutlich bessere Qualität als das gesputterte AlN besitzt und unter Al-reichen Bedingungen der Anteil an Material, welches in c-Richtung orientiert ist zunimmt.

Neben den Peaks, die dem AlN zugerechnet werden können, ist bei $\omega = 17$ ° der Peak des GaN [0002]-Reflex zu erkennen. Da der Peak des Si(111)-Reflex (Substrat) nicht mitgemessen wurde, sind die Graphen auf den AlN-Peak spektral normiert. Theoretisch könnte das AlN auch verspannt aufwachsen, da jedoch die Gitterfehlanpassung zwischen AlN und Si bei ca. 17 % liegt, ist eine kohärente Verspannung für die hier benutzte Schichtdicke von ca. 13 nm nicht möglich. Die nach der plastischen Relaxation durch Einbau von Versetzungen verbleibende Restspannung ist nicht mehr kohärent, und führt zu einer Verbreiterung, aber nicht zu einer Verschiebung des AlN [0002]-Peaks. Interessanterweise ist der Peak für die Probe mit den Nanodrähte im Vergleich zu der Probe mit dem Inselwachstum relativ breit und besteht aus einem Doppelpeak. Nach einer Dekonvolution mittels Gaussanpassungen ergeben sich zwei dicht beieinander liegende Peaks, die sowohl unverspanntem GaN ($\omega = 17.23$ °) als auch verspanntem GaN ($\omega = 17.32$ °) zugeordnet werden können. Im Gegensatz dazu ist für die Probe mit GaN-Inseln nur ein Peak bei $\omega = 17.32$ ° für verspanntes GaN zu beobachten.

Diskussion Nachdem im vorigen Abschnitt der Einfluss der unterschiedlichen Substrattypen auf das selektive Wachstum festgestellt wurde, konnte in diesem Abschnitt der Einfluss der AlN-Pufferschicht auf das Wachstum analysiert werden. Prinzipiell wirkt sich die AlN-Schicht bei den hier analysierten Proben nicht maßgeblich auf das parasitäre Wachstum aus, während das Wachstum in den Löchern der Maske sich signifikant ändert. Da bei dem

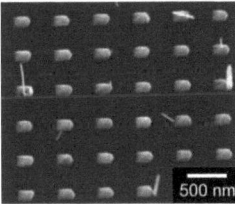

Abbildung 5.4: GaN-Inseln bei einem Lochdurchmesser von $d_{Loch} = 150$ nm.

5 Analyse der Wachstumsmechanismen während des selektiven Wachstums

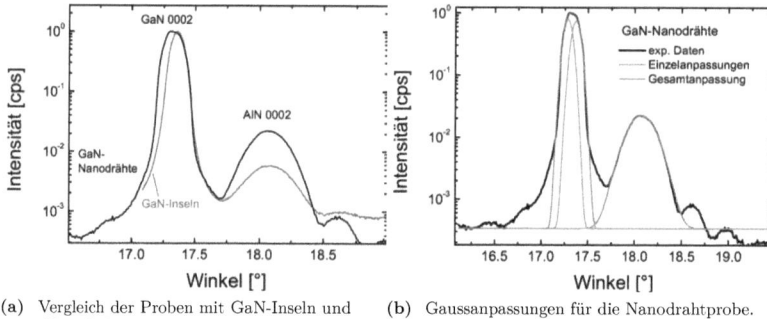

(a) Vergleich der Proben mit GaN-Inseln und -Nanodrähten.

(b) Gaussanpassungen für die Nanodrahtprobe.

Abbildung 5.5: $\omega/2\theta$-scans für die selektiv gewachsenen GaN-Inseln und -Nanodrähte.

Sputterprozess die epitaktische Beziehung zum Substrat verloren geht, ist diese Methode für das selektive Wachstum ungeeignet. Sowohl die Ausrichtung der Nanodrähte, als auch die Form und Größe schwankt stark und lässt sich nur schlecht kontrollieren.

Wird MBE-gewachsenes AlN als Pufferschicht benutzt, ist im Allgemeinen die Homogenität der Größe und Ausrichtung der selektiv gewachsenen Strukturen stark erhöht, während die Form signifikant von den Wachstumsbedingungen während der Deposition der AlN-Schicht abhängt. Für AlN, welches unter N-reichen Bedingungen gewachsen wurde, entstehen im Vergleich zu den Nanodrähten kleinvolumige GaN-Inseln, die stark verspannt sind. Im Gegensatz dazu entstehen auf Al-reichen AlN-Schichten relaxierte, selektive GaN-Nanodrähte.

Die Qualität der AlN-Schicht unterscheidet sich ebenfalls zwischen der N-reich und Al-reich gewachsenen Schicht. Anhand der Röntgenmessung lässt sich eine deutliche Abnahme der Intensität des [0002]-Reflexes für die N-reiche Schicht erkennen, die auf eine geringere Homogenität der AlN-Schicht hindeutet. Würde die Inhomogenität der AlN-Schicht Einfluss auf das Nanodrahtwachstum nehmen, wäre für das Wachstum auf der MBE-gewachsenen Schicht bei hohen V/III-Verhältnissen eine hohe Inhomogenität zu erwarten. Auf Grund der sehr homogenen Form der GaN-Inseln lässt sich daher die kristalline Qualität als Ursache für das ausbleibende Nanodrahtwachstum ausschließen.

Eine andere Erklärungsmöglichkeit bietet die Polarität. Wie in der Einführung 2.4.1 bereits diskutiert, können die Wachstumsbedingungen der AlN-Schicht Einfluss auf die Polarität der AlN-Schicht und damit auf die Polarität der GaN-Nanodrähte nehmen. Da N-polares Material stärker dekomponiert als Ga-polares GaN, könnte dies eine Erklärung für das Ausbleiben des Nanodrahtwachstums sein. Dabei würden die N-reichen Bedingungen während der Deposition des AlN zu einer N-polaren AlN-Schicht und somit auch N-polaren GaN-Nanodrähten führen. Wächst der GaN-Nukleationskeim über die Lochkante hinaus, ändert sich die lokale Desorptionsrate und das Wachstum kommt zum Erliegen.

Eine andere Möglichkeit, die ebenfalls auf die Polarität zurückzuführen ist, sind die unterschiedlichen Facetten und Wachstumsraten entlang der verschiedenen Polaritätsrichtungen. Während die Ga-polare Richtung eine flache <0002>-Facette ermöglicht, wird für die N-polare Richtung ($[000\bar{2}]$) eine schräge Facette erwartet (siehe Abschnitt 2.4.1). Da für die Nukleation der Nanodrähte eine Umwandlung von einer pyramidenartigen Insel

5.1 Analyse der Nukleation von selektiv gewachsenen GaN-Nanodrähten

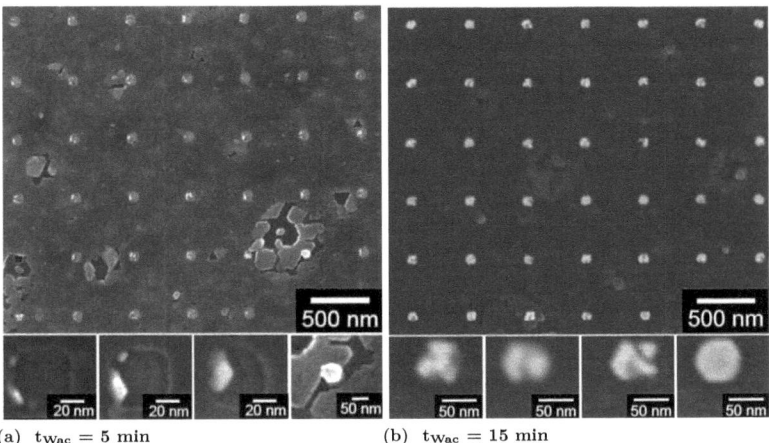

(a) $t_{Wac} = 5$ min   (b) $t_{Wac} = 15$ min

Abbildung 5.6: SEM-Aufsichtsbilder des Wachstums nach verschiedenen Wachstumszeit.

mit einer schrägen Facette in einen hexagonalen Nanodraht mit einer flachen Facette bei gleichzeitiger plastischer Relaxation durch den Einbau einer Versetzung beobachtet wird (siehe Abschnitt 2.4.1), könnte für die N-polare Richtung diese Umwandlung unterdrückt und somit das Nanodrahtwachstum verhindert werden.

Da das Verständnis der Nukleationsphase noch als anfänglich zu bezeichnen ist und die Analyse der Polarität der selektiv gewachsenen Nanodrähte aufgrund der außerordentlichen Komplexität der Messung zum Zeitpunkt dieser Arbeit noch nicht bestimmt wurde, lässt sich eine klare Aussage nicht treffen. Durch die Tatsache, dass in den Röntgenmessungen für die GaN-Inseln nur verspanntes Material gemessen wurde, scheint die plastische Relaxation, die für die Umwandlung einer GaN-Inseln in einen Nanodraht notwendig ist, noch nicht stattgefunden zu haben. Dies würde die Erklärung der fehlenden Ausbildung einer flachen oberen Facette und damit einer fehlenden Umwandlung von einer Insel in einen Nanodraht favorisieren.

5.1.3 Nukleationsstudien an selektiv gewachsenen Drähten

Um die Nukleation in dem Loch der Maske besser zu verstehen, wurde das selektive GaN-Wachstum auf einer Al-reich gewachsenen AlN-Pufferschicht nach $t_{Wac} = 5$ min und $t_{Wac} = 15$ min unterbrochen und die Proben im SEM untersucht. SEM-Bilder in Aufsicht für die beiden Wachstumszeiten bei einer Lochperiode und einem -durchmesser von $P = 0{,}5$ μm, respektive $d_{Loch} = 70$ nm, sind in Abb. 5.6 dargestellt. Bereits nach einer Wachstumszeit von $t_{Wac} = 5$ min sind Nukleationskeime in den Löchern der Maske zu erkennen, die ausschließlich an einer Seite des Loches am Rand nukleiert sind. Diese Beobachtung ist konsistent mit der theoretischen Überlegung in Abschnitt 5.1.1, in der eine asymmetrisch Nukleation auf Grund von inhomogenen Ga-Adatomdichten postuliert wurde. Im Detail bedeutet dies, dass die Nukleationskeime bevorzugt an dem Ort nukleieren, wo lokal die Ga-Adatomdichte am höchsten ist. In diesem Fall wird der einfallende Ga-Fluss von den Seiten des Loches aufgehalten und es kommt zu einer lokalen Nukleation.

5 Analyse der Wachstumsmechanismen während des selektiven Wachstums

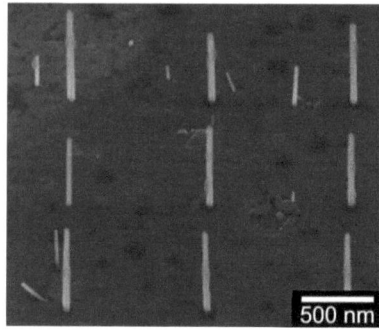
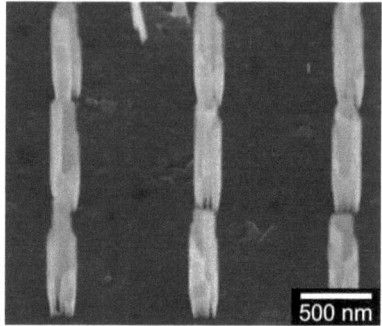

(a) $d_{Loch} = 20$ nm (b) $d_{Loch} = 150$ nm

Abbildung 5.7: Wachstum nach 120 min mit unterschiedlichen Lochdurchmessern.

Eine interessante Beobachtung lässt sich in der Nähe einer Störung der AlN-Schicht entdecken. Während in sämtlichen Löchern, die nicht durch Inhomogenitäten der AlN-Schicht beeinflusst wurden, Nukleationskeime mit $d_{ND} = 10 - 20$ nm gewachsen sind, ist in einem Loch, welches sich am Rand einer Kante des AlNs zur darunter liegenden Si-Oberfläche befindet, eine komplette Ausfüllung dieses Loches festzustellen (siehe Abb. 5.6a). Dies lässt sich dadurch erklären, dass die Kante in der AlN-Schicht als effektive Einsammelfläche für die eintreffenden Ga-Atome dient, dadurch mehr Ga-Atome in das Loch diffundieren können und somit ein weiteres Indiz für den hier vorgeschlagenen Prozess liefert.

Nach einer Wachstumszeit von $t_{Wac} = 15$ **min** sind mehrere Nanodrähte pro Loch nukleiert und das gesamte Loch ist mit Nanodrähten gefüllt (siehe Abb. 5.6b). Es sind deutlich mehrere Nanodrähte pro Loch zu erkennnen, sodass nicht das laterale Wachstum des anfänglichen Nukleationskeims am Rand des Loches, sondern die Mehrfachnukleation von Nanodrähten das Loch ausfüllt. In einigen Löchern sind keine separaten Nukleationskeime mehr zu erkennen, sodass hier die Nukleation bereits abgeschlossen ist und nur noch ein einzelner Nanodraht identifizierbar ist. Bei diesen Nanodrähten ist auch deutlich eine hexagonale Form zu erkennen, sodass diese bereits über den Rand des runden Loches hinüber gewachsen sein müssen.

In Abb. 5.7 ist eine Probe nach $t_{Wac} = 120$ **min** dargestellt. Für einen Lochdurchmesser von $d_{Loch} = 20$ **nm** sind aus den Löchern einzelne Nanodrähte gewachsen, die jeder für sich einen homogenen Durchmesser besitzen, jedoch untereinander in Länge und Durchmesser variieren. Für einen Lochdurchmesser von $d_{Loch} = 150$ **nm** ist dagegen das Wachstum aus allen Löchern gleich, jedoch ist die Morphologie gestört. Es sind deutlich die bereits bei kleineren Wachstumszeiten beobachteten, mehrfach nukleierten Nanodrähte zu erkennen, die am Fuß des Nanodrahtes bereits zusammengewachsen sind, jedoch auf Grund des unterschiedlichen Nukleationszeitpunktes in der Länge variieren. Dies ist eine direkte Folge der asymmetrischen Nukleation in dem Loch.

Anhand dieser Beobachtungen lässt sich ein konsistentes Bild der Evolution der Nanodrähte entwickeln, welches schematisch in Abb. 5.8 dargestellt ist. Als erstes entstehen am Rand des Loches durch eine lokale Erhöhung der Ga-Adatomdichte Nukleationskeime (Abb. 5.8a). Während diese bereits nukleierten Nanodrähte anfangen können zu wachsen,

5.1 Analyse der Nukleation von selektiv gewachsenen GaN-Nanodrähten

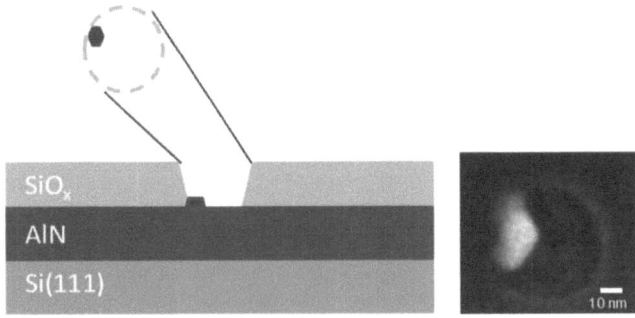

(a) Einzelner, bevorzugt gewachsener Nukleationskeim.

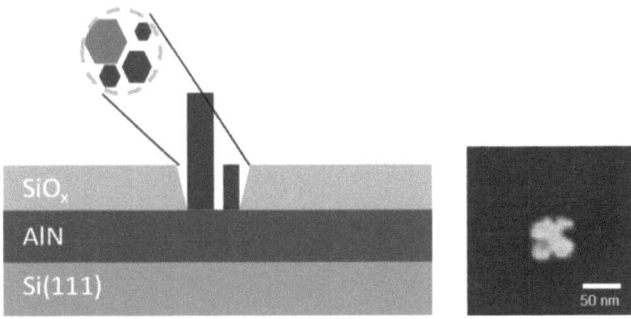

(b) Mehrfach nukleierte Nanodrähte in einem Loch.

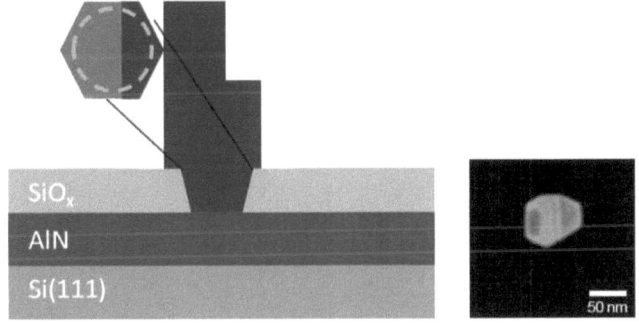

(c) Koaleszierter Nanodraht.

Abbildung 5.8: Nukleationsmodell auf Al-reich gewachsenen AlN-Schichten.

5 Analyse der Wachstumsmechanismen während des selektiven Wachstums

nukleieren weitere Nanodrähte in dem Loch (Abb. 5.8b). Dies kann über den gesamten Lochdurchmesser geschehen, woraus sich zwei interessante Rückschlüsse ziehen lassen. Erstens findet eine Diffusion innerhalb des Loches statt, da auch an den Rändern des Loches Nanodrähte nukleieren, bei denen auf Grund der Schattenkante des Loches kein Direkteinfall möglich ist. Desweiteren wird der eintreffende Ga-Fluss nicht von dem bereits nukleierten Nanodraht aufgebraucht, was auf eine Limitation der Wachstumsrate hindeutet (Nachweis siehe Abschnitt 5.2.2). Im dritten Schritt ist die Nukleation abgeschlossen und der Nanodraht kann weiterwachsen. Die Morphologie des Nanodrahtes ist dabei stark von der Nukleation abhängig und es entstehen durch die nacheinander stattfindende Nukleation abgestufte Nanodrähte (Abb. 5.8c).

Um homogenes Wachstum bei gleichzeitiger Kontrolle des Durchmessers und der Länge zu ermöglichen, ist also eine Kontrolle der Nukleation unabdingbar. Da die Nukleationskeimgröße bei GaN-Nanodrähten um die 5 nm liegt [24], lässt sich eine Mehrfachnukleation für Löcher über $d_{Loch} = 20$ nm nicht verhindern. Würde man die Proben mit Substratrotation wachsen, würde zumindest die Nukleation homogen über den Rand verteilt sein, wodurch eine Verbesserung der Morphologie zu erwarten ist. Eine weitere Verbesserung der Morphologie wäre zu erwarten, wenn der Ga-Fluss zu Beginn höher ist, wie das in der Nähe eines Defektes in der AlN-Schicht beobachtet wurde. Da dadurch die Nukleation auf der Maske erhöht sein könnte, ist diese Möglichkeit nur begrenzt wahrscheinlich. Eine andere Möglichkeit wäre ein moduliertes Wachstum, in dem das Wachstum periodisch unterbrochen wird, und damit eine erhöhte Diffusion sowie eine bessere Gleichverteilung im Loch möglich sein könnte.

Der bisher diskutierte Ablauf der GaN-Nanodrahtnukleation bezieht sich auf Al-reich gewachsene Schichten. Für N-reich gewachsene AlN-Schichten findet in den Löchern direkt kein Nanodrahtwachstum statt. Stattdessen bilden sich Inseln aus, die auf einer Seite die Form des Loches annehmen, während sie auf der anderen Seite über das Loch hinauswachsen und eine hexagonale Form annehmen (siehe Abb. 5.4). Da die über das Loch hinaus gewachsenen Seite der Ga-Zelle zugewandt ist, scheint der einfallende Ga-Fluss das laterale Wachstum zu erhöhen. Der Mechanismus der asymmetrischen Nukleation scheint dagegen hier keinen signifikanten Einfluss auf die Nukleation zu nehmen, da die Seite des Loches, die gegenüber der Ga-Zelle liegt, kein bevorzugtes Wachstum zeigt. Interessanterweise ist an einigen Inseln eine Nukleation von Nanodrähten auf der Maske zu erkennen. Während stark verkippte Nanodrähte an der Seite zu erkennen sind, die gegenüber des einfallenden Ga-Flusses liegt, sind senkrechte Nanodrähte auf der Maske an der entgegengesetzten Seite zu erkennen. Dies lässt sich ebenfalls mit dem hier beschriebenen Nukleationsmodell erklären. Zu Beginn des Wachstums findet eine Nukleation in dem Loch der Maske statt, auf Grund der geringen Wachstumsrate sammelt sich jedoch weiter Ga an, was die Nukleationswahrscheinlichkeit auf dem Rand erhöht, wodurch die verkippten Nanodrähte entstehen. Wächst dagegen die Inselkante über das Loch hinaus, wirkt diese Inselkante, ähnlich wie eine Lochkante, für eine lokale Erhöhung der Ga-Adatomdichte und ermöglicht somit eine Nukleation von Nanodrähten auf der Maske. Die epitaktische Beziehung ist dabei durch die Insel gegeben, weswegen die Nanodrähte senkrecht wachsen.

Dieser Effekt ist für eine Probe bei verringertem Ga-Fluss ($\phi_{Ga} = 2$ nm/min) während des Wachstums der GaN-Nanodrähte sehr viel stärker vorhanden. In Abb. 5.9 sind SEM-Bilder nach $t_{Wac} = 2$ h und $t_{Wac} = 4$ h zu erkennen. Nach $t_{Wac} = 2$ h sind nur ein Teil der Löcher mit einem Nanodraht besetzt, während in den anderen Löchern lediglich die GaN-Inseln zu erkennen sind.

Die Lochbesetzungswahrscheinlichkeit, dass bedeutet die Wahrscheinlichkeit, dass ein

5.1 Analyse der Nukleation von selektiv gewachsenen GaN-Nanodrähten

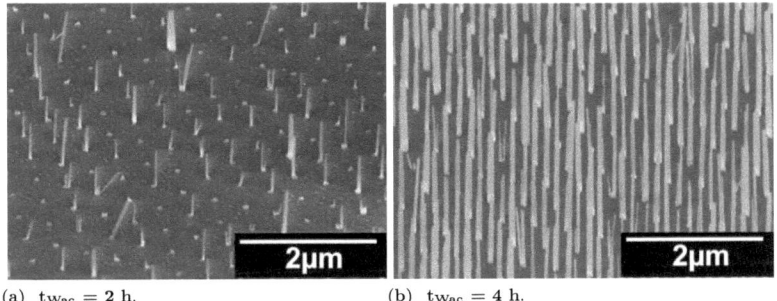

(a) $t_{Wac} = 2$ h. (b) $t_{Wac} = 4$ h.

Abbildung 5.9: GaN-Nanodrähte auf einer unter N-reichen Bedingungen gewachsenen AlN-Schicht. Während der Deposition der Nanodrähte war der Ga-Fluss leicht reduziert im Vergleich zu den vorher diskutierten Proben.

oder mehrere Nanodrähte am Rand des Loches nukleiert sind, hängt dabei von dem Lochdurchmesser ab. Für einen Lochdurchmesser von $d_{Loch} = 40$ nm sind nach $t_{Wac} = 2$ h lediglich 25 % der Löcher mit Nanodrähten besetzt, während mit zunehmendem Lochdurchmesser die Wahrscheinlichkeit ansteigt (57 % bei $d_{Loch} = 70$ nm). Für sämtliche Löcher, bei denen kein Nanodraht zu erkennen ist, sind dennoch GaN-Inseln sichtbar. Wird die Wachstumszeit dagegen auf $t_{Wac} = 4$ h erhöht, liegt die Lochbesetzungswahrscheinlichkeit mit Ausnahme von $d_{Loch} = 40$ nm (70%) bei 100 %, das bedeutet sämtliche Löcher sind besetzt. Dies impliziert, dass nach $t_{Wac} = 2$ h noch Nanodrähte am Rand der Löcher nukleieren können, während die Inseln sich schon vorher ausbilden und nicht mehr signifikant weiterwachsen.

Auf Grund dieser Entwicklung bietet sich für das Wachstum auf einer N-reichen AlN-Schicht eine leicht veränderte Nukleationsphase, dargestellt in Abb. 5.10 und 5.11. In Abb. 5.10a ist zunächst das Loch vor dem Wachstum dargestellt. Es ist deutlich die runde Lochform erkennbar. Wird das Wachstum gestartet, wächst als erster Schritt die GaN-Insel in dem Loch (Abb. 5.10b) bis zur Lochoberkante. Dabei scheint eine homogene Nukleation in dem Loch möglich zu sein. Da bereits nach $t_{Wac} = 2$ h sämtliche Löcher komplett gefüllt sind, ist die Wachstumsrate in dem Loch relativ zügig, während bei dem Erreichen der Lochoberkante das Wachstum auf Grund der veränderten Bedingungen aufhört. Als zweiten Schritt kann, sobald die Insel über die Lochoberkante hinauswächst, die Kante der GaN-Insel den einfallenden Ga-Fluss aufhalten und somit eine lokale Nukleation am Rand des Loches ermöglichen (Abb. 5.10c). Dabei entsteht ein Nanodraht, der dann mit einer hohen axialen Geschwindigkeit wachsen kann (Abb. 5.11a). Neben der Nukleation eines einzelnen Nanodrahtes können auch mehrere Nanodrähte an dem Rand eines Loches nukleieren (Abb. 5.11b zeigt ein Beispiel mit zwei Nanodrähten). Während des weiteren Wachstums kann sich durch das laterale Wachstum sowie der mehrfachen Nukleation ein kompletter Nanodraht über dem Loch ausbilden, wie in Abb. 5.11c zu erkennen ist.

Vergleicht man nun die Nukleation auf den Al- und N-reich gewachsenen AlN-Schichten, ist der grundlegende Mechanismus der Nukleation zwar gleich, jedoch findet die Nukleation in unterschiedlichen Abläufen statt. Interessanterweise ist trotz der Nukleation außerhalb des Loches für das N-reiche AlN eine gute Homogenität der Nanodrähte möglich. Dennoch ist das Al-reich gewachsene AlN zu bevorzugen, da hier eine direkte Nukleation in dem

5 Analyse der Wachstumsmechanismen während des selektiven Wachstums

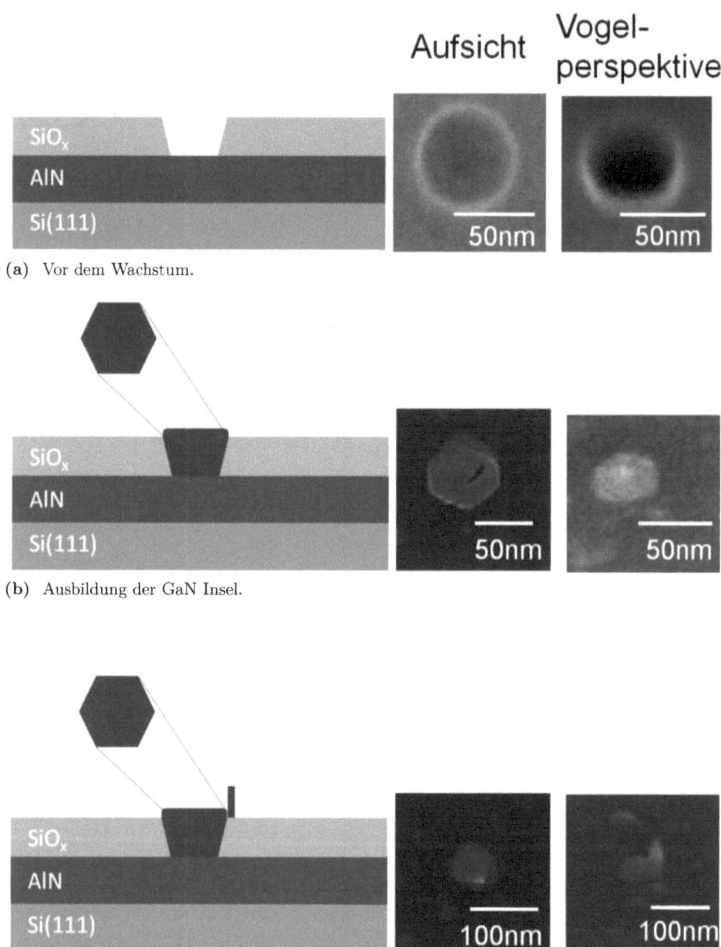

(a) Vor dem Wachstum.

(b) Ausbildung der GaN Insel.

(c) Nukleation eines Nanodrahtes am Rand der Insel.

Abbildung 5.10: Nukleationsmodell auf N-reich gewachsenen Schichten.

5.1 Analyse der Nukleation von selektiv gewachsenen GaN-Nanodrähten

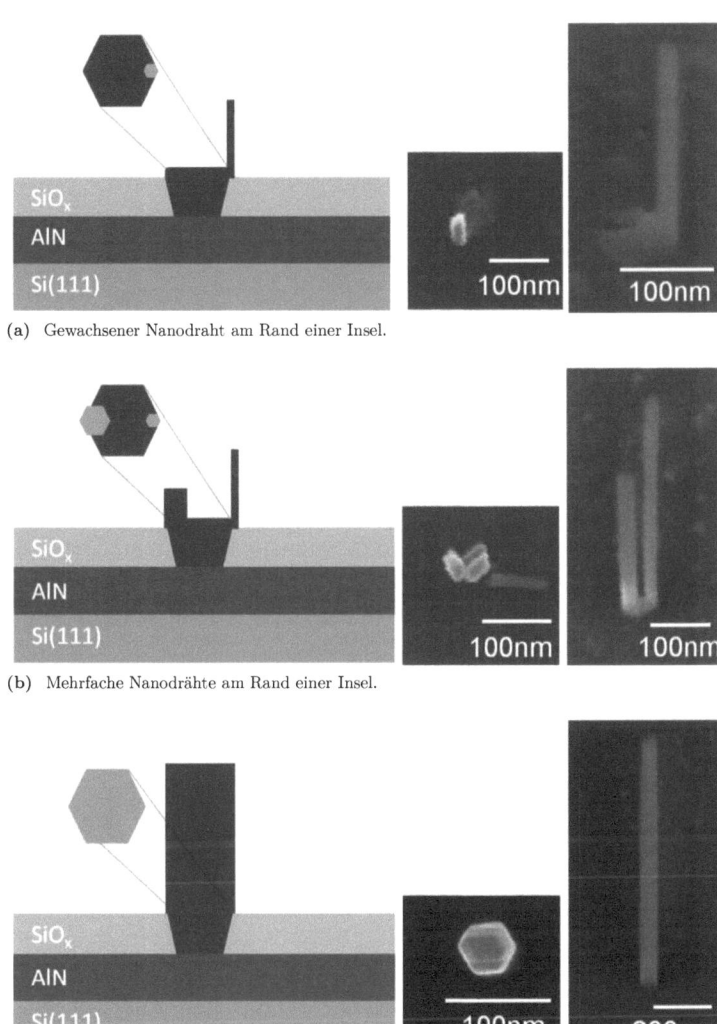

(a) Gewachsener Nanodraht am Rand einer Insel.

(b) Mehrfache Nanodrähte am Rand einer Insel.

(c) Koaleszierter Nanodraht, der die gesamte Insel überwachsen hat.

Abbildung 5.11: Nukleationsmodell auf N-reich gewachsenen Schichten.

5 Analyse der Wachstumsmechanismen während des selektiven Wachstums

Loch möglich und somit eine bessere Kontrolle zu erwarten ist. Desweiteren ist auf Grund der statistischen Natur der Nukleation und den extrem langen Nukleationszeit (teilweise über 2 h) für das N-reiche Wachstum eine höhere Fluktuation zu erwarten. Im Gegensatz dazu ist die Nukleation auf Al-reichem AlN bereits nach 15 min abgeschlossen. Dennoch sind auch hier große Fluktuationen in der Nanodrahtlänge zu beobachten, sodass eine Optimierung des Nukleationsprozesses zukünftig notwendig ist.

5.2 Analyse der Diffusion von Ga-Adatomen

Wie anhand der vorigen Abschnitte schon deutlich geworden ist, spielen insbesondere die Ga-Atome eine wichtige Rolle während des Wachstums der Nanodrähte. In diesem Kapitel wird daher die Diffusion der Ga-Atome näher untersucht. Dabei wird zwischen der Diffusion auf dem Substrat (Unterabschnitt 5.2.1) und den Seitenfacetten des Nanodrahtes (Unterabschnitt 5.2.2) unterschieden. Da die einzelnen Ga-Atome dabei nicht *in situ* untersucht werden können, ist prinzipiell eine direkte Aussage nicht möglich. Es lassen sich jedoch auf Grund des Volumens und der Evolution der Nanodrähten und den daraus resultierenden Wachstumsraten Rückschlüsse auf das Wachstum in Abhängigkeit von der Diffusion auf dem Substrat und den Seitenfacetten treffen.

5.2.1 Einfluss der Diffusion vom Substrat zum Nanodraht

Um den Einfluss der Diffusion der Ga-Atome vom Substrat zu den Nanodrähten zu untersuchen, ist eine Variation des Zuflusses von Ga notwendig. Prinzipiell könnte der Ga-Fluss variiert werden. Da dadurch jedoch auch die Nukleation sich ändert (siehe Abschnitt 2.4.1), bzw. das Diffusionsverhalten auf dem Substrat beeinflusst sein könnte, ist eine Interpretation eines Experimentes bei variierenden Flüssen schwierig. Auch eine Änderung des Ga-Flusses während des Wachstums könnte problematisch sein, da die Nanodrähte ihre Form ändern würden und damit die Messung und Interpretation der Ergebnisse ebenfalls schwierig wäre.

Eine elegantere Methode, die sich durch das selektive Wachstum eröffnet, ist die Änderung des Abstandes zwischen den Nanodrähten. Für Abstände, die kleiner sind als die Diffusionslänge der Ga-Atome auf dem Substrat, kann es zu einer Konkurrenz der Nanodrähte um die Ga-Atome kommen. Dadurch ändert sich die Menge an Material, die für jeden einzelnen Nanodraht zur Verfügung steht im Vergleich zu großen Abständen, und somit lässt sich über die Änderung des Volumens der Nanodrähte Rückschlüsse auf das Diffusionsverhalten auf dem Substrat ziehen.

Um dieses Verhalten zu untersuchen, wurden GaN Nanodrähte von Feldern mit unterschiedlichen Lochdurchmessern, die unter optimalen Wachstumsbedingungen auf einem einzigen Substrat hergestellt wurden (siehe Abb. 4.7), statistisch ausgewertet. Es sei hier nochmal angemerkt, dass auf Grund der Platzierung der einzelnen Felder in der Mitte des Substrates die Wachstumsbedingungen für alle Nanodrähte als identisch angesehen werden kann.

In Abb. 5.12a ist ein SEM-Bild in Schrägansicht eines Feldes mit selektiv gewachsenen GaN-Nanodrähten, die aus Löchern mit einem Durchmesser von $d_{Loch} = \mathbf{70\ nm}$ auf einem Substrattyp iv gewachsen sind, dargestellt. Auch auf diesen Substraten, die eine natürlich oxidierte Si-Schicht als Maskenmaterial besitzen, sind periodisch angeordnete Nanodrähte mit konstantem Durchmesser und konstanter Länge herstellbar. Im Inset ist ein einzelner Nanodraht abgebildet, der die homogen ausgebildete Form der Nanodrähte

5.2 Analyse der Diffusion von Ga-Adatomen

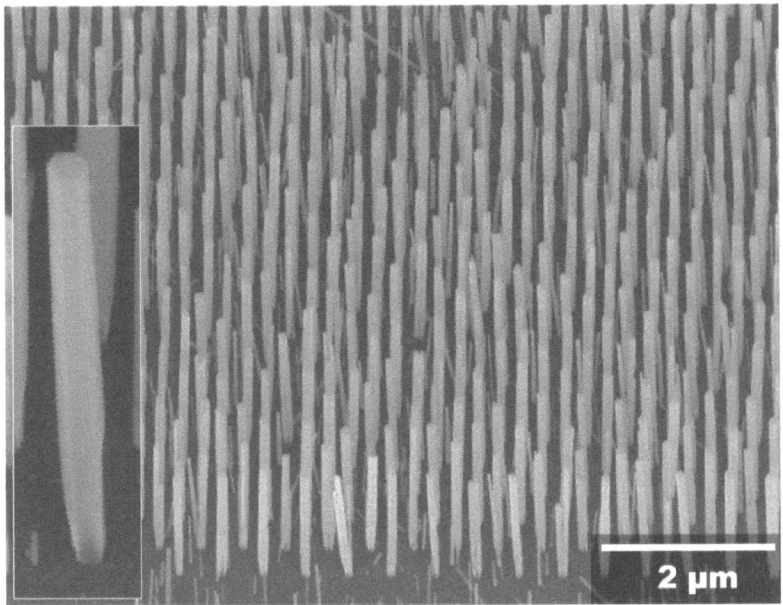

(a) Schrägansicht für einen Lochdurchmesser von 70 nm.

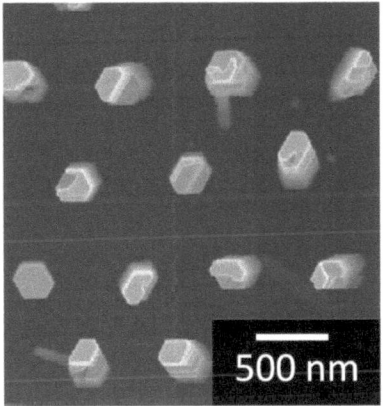

(b) SEM-Aufsicht für einen Lochdurchmesser von 70 nm.

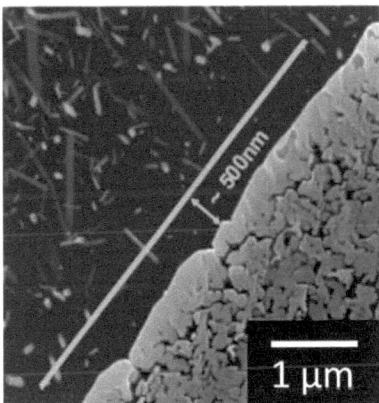

(c) SEM-Aufsicht einer größeren Öffnung in der Maske außerhalb der Nanodrahtfelder.

Abbildung 5.12: SEM-Bilder für ein Substrattyp vi.

5 Analyse der Wachstumsmechanismen während des selektiven Wachstums

bei konstantem Durchmesser wiederspiegelt. Außerhalb des strukturierten Bereich des Feldes für das selektive Wachstum ist eine freie Fläche zu erkennen, auf der kleine, parasitäre Nanodrähte gewachsen sind. Im Gegensatz dazu ist zwischen den selektiv gewachsenen Nanodrähten kein parasitäres Wachstum vorhanden (siehe das SEM-Bild in Aufsicht in Abb. 5.12b). Dieses Ausbleiben des parasitären Wachstums zwischen den selektiven Nanodrähten ist ein Anzeichen, dass das eintreffende Material auf dem Substrat durch das selektive Wachstum verbraucht wird.

In Abb. 5.12c wird dieser Effekt nochmal verdeutlicht. Im unteren Bereich des Bildes ist eine großflächige Öffnung in der Maske zu erkennen, die auf dem Rest des Substrates von einer geschlossenen SiO_x-Maske umgeben ist. Während auf der Maske parasitäres Wachstum erkennbar ist, wachsen in der Maskenöffnung koaleszierte Nanodrähte, die eine fast geschlossene Schicht bilden. Am Rand dieser großflächigen Öffnung ist ein Bereich zu erkennen, auf dem kein Wachstum stattfindet, vergleichbar mit den Bereichen zwischen den selektiv gewachsenen Nanodrähten. Auch hier scheint das eintreffende Material durch die in der Maskenöffnung wachsende GaN-Schicht verbraucht zu werden. Da dieser Bereich um das gesamte Feld vorhanden ist, lassen sich Abschattungseffekte ausschließen und der Effekt kann der Diffusion von dem Substrat zu den Nanodrähten zugeschrieben werden. Anhand der Breite des Bereiches ohne parasitäres Wachstum lässt sich die Diffusionslänge, das heißt die mittlere freie Weglänge der Atome auf dem Substrat, zu einem Wert von 500 nm abschätzen.

In Abb. 5.13 sind SEM-Bilder in Schräg- und Aufsicht für unterschiedliche Abstände **P = 0.5 - 3.0** μm bei einem konstanten Lochdurchmesser von **d_{Loch} = 70 nm** dargestellt. Insbesondere für größere Abstände ist zwischen den selektiv gewachsenen Nanodrähten parasitäres Wachstum feststellbar, jedoch ist das Volumen dieser parasitären Nanodrähte im Vergleich zu den selektiv gewachsenen Nanodrähten vernachlässigbar. Anhand dieser Bilder wurden die Länge und der Durchmesser der Nanodrähte, wie im Abschnitt 4.6, mit dem Programm „ImageJ" gemessen und statistisch ausgewertet. Der Einfallswinkel von 45° des SEM-Bildes wurde mit einem Vorfaktor von $\sqrt{2}$ für die Längenberechnung beachtet.

In Abb. 5.14 sind die Ergebnisse der Längen- und Durchmessermessungen über der Periode der Nanodrähte dargestellt. Interessanterweise ist die Länge der Nanodrähte von dem Lochdurchmesser und der Lochperiode nahezu unabhängig und ergibt sich zu einem Wert von l_{ND} = **1600 nm**. Einzige Ausnahme ist das Wachstum aus Löchern mit einem Durchmesser von **d_{Loch} = 120 nm**, bei dem mit zunehmendem Abstand die Länge auf l_{ND} = **1900 nm** ansteigt. Im Gegensatz dazu steigt der Nanodrahtdurchmesser deutlich mit zunehmendem Abstand an und sättigt für eine Periode über **P = 1** μm. Die homogenen Länge der Nanodrähte mit unterschiedlicher Periode ist ein Anzeichen, dass das axiale Wachstum nicht zwangsläufig durch das Ga-Angebot limitiert ist, während das laterale Wachstum direkt vom Ga-Fluss abhängig zu sein scheint. Wenn man den Überwuchs betrachtet, dass heißt den Nanodrahtdurchmesser abzüglich des Lochdurchmessers (siehe Abb. 5.15) ist zu erkennen, dass das laterale Wachstum nicht nur mit der Lochperiode zunimmt, sondern auch von dem Lochdurchmesser linear abhängt. Da bei gleichem Abstand der Materialzufluss zu dem Nanodraht gleich sein sollte, muss die Begrenzung des lateralen Wachstum nicht nur vom Ga-Angebot abhängen, sondern auch von der Größe der Seitenfacetten.

5.2 Analyse der Diffusion von Ga-Adatomen

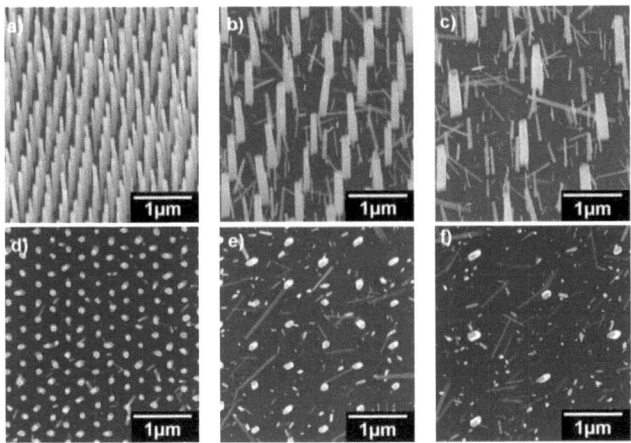

Abbildung 5.13: SEM-Schräg- und Aufsichtsbilder für $d_{Loch} = 50$ nm für unterschiedliche Lochperioden ($P = 0,3$ μm in a) + d) , $P = 1$ μm in b) + e) , $P = 1,5$ μm in c) + f).

Diskussion

Da in diesem Abschnitt die Diffusion auf dem Substrat untersucht werden soll, ist das insgesamt eingebaute Volumen in den Nanodraht, welches vom Substrat her kommt, entscheidend. Die Verteilung des Materials auf Länge und Durchmesser wird dagegen durch die Eigenschaften des Nanodrahtes beeinflusst und im nächsten Abschnitt 5.2.2 näher untersucht. Daher wurde für jeden Lochdurchmesser separat aus dem Durchmesser (d_{ND}) und der Länge (l_{ND}) der Nanodrähte unter der genäherten Annahme einer Zylinderform das Nanodrahtvolumen (V_{ND}) berechnet und als Vergleichswert genutzt (Gleichung 5.1).

$$V_{ND} = \pi (\frac{d_{ND}}{2})^2 \cdot l_{ND} \tag{5.1}$$

Das insgesamt deponierte Volumen setzt sich dabei aus dem Material, welches direkt auf den Nanodraht eintrifft (V_{dir}) und dem Volumen, welches durch die Diffusion vom Substrat zum Wachstum beiträgt (V_{dif}), zusammen (siehe Gleichung 5.2). Während das direkt eintreffende Material für einen konstanten Nanodrahtdurchmesser in erster Näherung als konstant angenommen wird, ist der Materialfluss vom Substrat zum Nanodraht vom Abstand zum nächsten Nanodraht abhängig. Um diese Abhängigkeit zu untersuchen, wird V_{dif} als Funktion der Einsammelfläche A_{dif} ausgedrückt, von der Material zum Nanodraht diffundieren und am Wachstum teilnehmen kann. Daraus ergibt sich die Gleichung 5.3. Der Vorfaktor ω beschreibt dabei das effektiv zur Verfügung stehende Material in Volumeneinheiten pro Fläche ($[\omega] =$ nm) und setzt sich aus dem Ga-Fluss ϕ_{Ga} in $[\phi_{Ga}] =$ nm/min und der Wachstumszeit t in $[t] =$ min zusammen. Da sowohl ϕ_{Ga}, als auch t für die hier untersuchte Probe konstant ist, hängt die Gleichung in erster Näherung nur von A_{dif} ab.

5 Analyse der Wachstumsmechanismen während des selektiven Wachstums

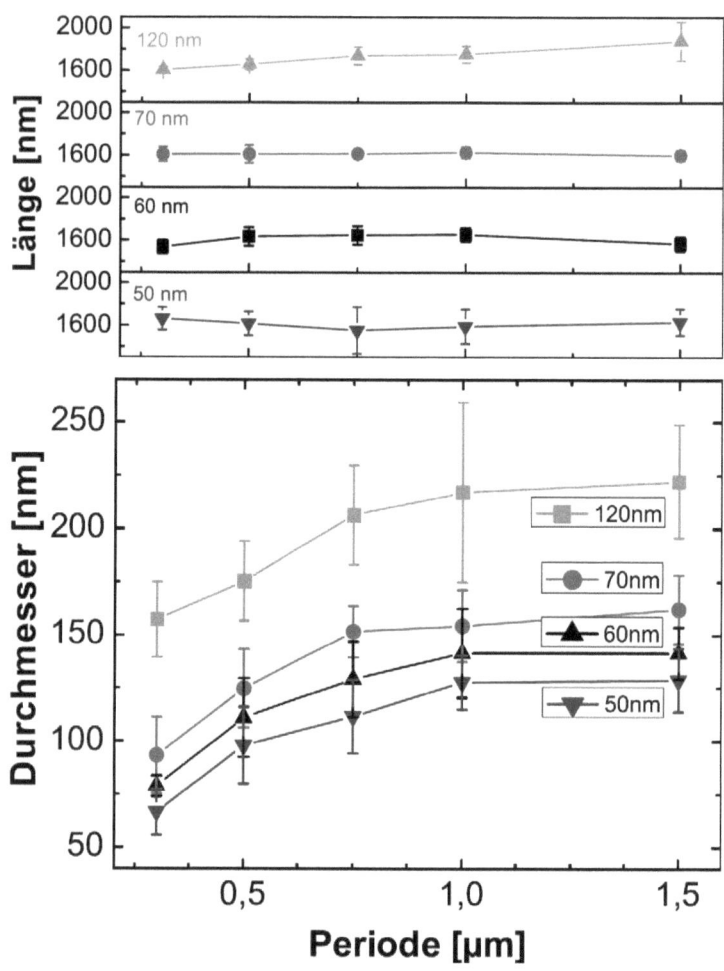

Abbildung 5.14: Abhängigkeit der Länge und des Durchmessers von der Periode der Nanodrähte.

5.2 Analyse der Diffusion von Ga-Adatomen

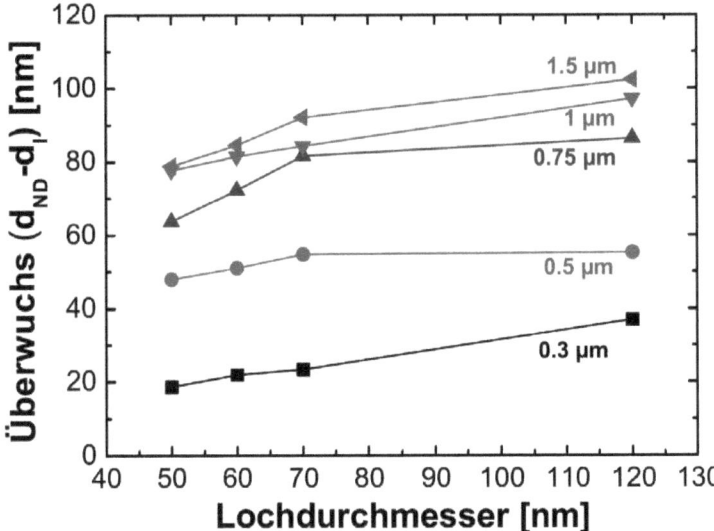

Abbildung 5.15: Abhängigkeit des Überwuchses von der Periode der Nanodrähte.

$$V_{ND} = V_{dif} + V_{dir} \tag{5.2}$$
$$V_{ND} = \omega \cdot A_{dif} + V_{dir} \quad \text{mit} \quad \omega = \phi_{Ga} \cdot t \tag{5.3}$$

Wird zunächst ein einzelner Nanodraht auf einem unendlich großen Substrat betrachtet, ist A_{dif} nur von der effektiven Diffusionslänge L_D auf dem Substrat abhängig und es ergibt sich eine kreisförmige Einsammelfläche. Da in der Mitte des Kreises der Nanodraht steht, entspricht die Einsammelfläche für Ga-Atome einem Kreisring, deren äußerer Kreis einen Durchmesser von $d_{dif} = 2(L_D + r_{ND})$ hat (Die Diffusionslänge L_D bezieht sich nur auf das Substrat sodass der Nanodrahtradius noch dazu addiert werden muss). Der innere Kreis hat einen Radius entsprechend dem Nanodrahtradius von $r_{ND} = \frac{d_{ND}}{2}$. Daraus ergibt sich für diesen Fall die erste Gleichung in 5.4. Hierbei wird vereinfacht davon ausgegangen, dass der Lochdurchmesser dem Nanodrahtdurchmesser entspricht.

Für endliche Abstände zwischen mehreren Nanodrähten, wie es beim selektiven Wachstum der Fall ist, können die Abstände weiterhin groß genug sein, sodass keine gegenseitige Beeinflussung der Einsammelflächen von Ga-Atomen auf dem Substrat stattfindet. Dieser Fall ist schematisch in Abb. 5.16a dargestellt. Die Einsammelfläche, die weiterhin durch die erste Gleichung in 5.4 gegeben ist, ist als blauer Kreis dargestellt. Wie in der Abbildung zu erkennen ist, berühren sich die Einsammelflächen was dem Grenzfall der kleinsten Periode $P = d_{dif}$ entspricht, bei dem keine Beeinflussung der Einsammelflächen zweier benachbarter Nanodrähte stattfindet.

5 Analyse der Wachstumsmechanismen während des selektiven Wachstums

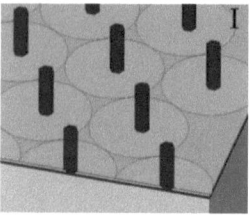 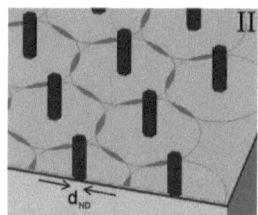 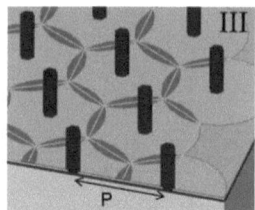

(a) Die Einsammelfläche ist nur durch die Diffusion auf dem Substrat limitiert.

(b) Die Einsammelfläche ist sowohl von der Diffusionslänge, als auch von der Periode abhängig.

(c) Die Einsammelfläche ist nur von der Periode abhängig.

Abbildung 5.16: Schematische Darstellung der drei Fälle für die Einsammelflächen auf dem Substrat.

$$A_{Dif} = \begin{cases} \frac{\pi}{4}(d_{dif}^2 - d_{ND}^2) & \text{für } P > d_{dif} \quad I \\ \frac{\pi}{4}(d_{dif}^2 - d_{ND}^2) - \frac{O}{2} & \text{für } d_{dif} > P > \frac{\sqrt{3}}{2} \cdot d_{dif} \quad II \\ \sqrt{\frac{3}{4}}P^2 - \frac{\pi}{4}d_{ND}^2 & \text{für } P < \frac{\sqrt{3}}{2} \cdot d_{dif} \quad III \end{cases} \quad (5.4)$$

$$O = 3 \cdot d_{dif}^2 \left[\arccos\left(\frac{P}{d_{dif}}\right) - \frac{P}{d_{dif}}\sqrt{1 - \left(\frac{P}{d_{dif}}\right)^2} \right] \quad (5.5)$$

Wird die Periode der Nanodrähte kleiner als d_{dif}, kommt es zu einer Überschneidung der Einsammelflächen. In Abb. 5.16b ist dies schematisch dargestellt, wobei die überlappenden Bereiche dunkel eingefärbt sind. Da diese Überlappfläche zu beiden Nanodrähten gehört, jedoch im Mittel die Wahrscheinlichkeit, das das Ga-Atom zu dem Näheren der beiden Nanodrähte diffundiert, größer ist, kann der Überlapp (O) in zwei Hälften geteilt werden und eine Hälfte des Überlapps von jeder Einfangfläche abgezogen werden. Dadurch ergibt sich die zweite Gleichung in 5.4. Die Berechnung des Überlapps ist etwas aufwändiger, lässt sich jedoch geometrisch durch die Berechnung eines Kreissegmentes lösen. Diese Lösung ist jedoch nur gültig, solang keine mehrfache Überschneidung der Einsammelflächen vorliegt, welches für Perioden die größer als P = $\frac{\sqrt{3}}{2} \cdot d_{dif}$ der Fall ist.

Für eine weitere Verringerung der Periode der Nanodrähte, würde eine Mehrfachüberschneidung eine weitaus kompliziertere Berechnung des Überlapps benötigen. Eine elegantere Möglichkeit bietet sich durch die Tatsache, dass bei einer mehrfachen Überschneidung das gesamte Substrat abgedeckt ist. Dadurch lässt sich statt einer Berechung des Überlapps, der von der gesamten Fläche abgezogen wird, direkt die effektive Einsammelfläche berechnen. Dazu wird die gesamte Substratoberfläche in Einheitszellen, das heißt in Zellen mit periodischer Anordnung und gleicher Größe, eingeteilt, in der jeweils ein Nanodraht enthalten ist. Auf Grund der hexagonalen Anordnung der Löcher in der Maske ergibt sich für die hexagonale Einheitszelle mit einer Seitenlänge von $\frac{P}{2}$ die dritte Gleichung in 5.4. Auch hier muss die Fläche des Nanodrahtes abgezogen werden.

5.2 Analyse der Diffusion von Ga-Adatomen

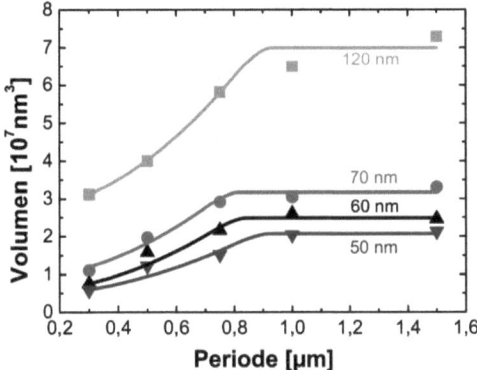

Abbildung 5.17: Experimentelle Daten der Abhängigkeit des Volumens von der Periode der Nanodrähte für verschiedene Lochdurchmesser (Punkte) mit den zugehörigen Fitkurven aus Gleichung 5.6.

$$V = \begin{cases} \omega \cdot \dfrac{\pi}{4}(d_{dif}^2 - d_{ND}^2) + V_{dir} & \text{für } P > d_{dif} & I \\[4pt] \omega \cdot \dfrac{\pi}{4}(d_{dif}^2 - d_{ND}^2) - \dfrac{O}{2} + V_{dir} & \text{für } d_{dif} > P > \dfrac{\sqrt{3}}{2} \cdot d_{dif} & II \\[4pt] \omega \cdot \sqrt{\dfrac{3}{4}}P^2 - \dfrac{\pi}{4}d_{ND}^2 + V_{dir} & \text{für } P < \dfrac{\sqrt{3}}{2} \cdot d_{dif} & III \end{cases} \quad (5.6)$$

Werden nun die drei Gleichungen für die Einsammelfläche (5.4) in Gleichung 5.3 eingesetzt, ergibt sich die Gleichung 5.6. Diese Gleichung für das Volumen des Nanodrahtes ist von der Periode und dem Nanodrahtdurchmesser d_{ND} abhängig und enthält als freie Parameter den Materialzufluss ω, die Diffusionslänge der Ga-Atome auf dem Substrat L_D und das äquivalente Volumen des direkten Einfalls auf den Nanodraht V_{dir}. Diese Gleichung kann nun an das Volumen der Nanodrähte, welches aus dem Durchmesser und der Länge berechnet wurde, für einen festen Lochdurchmesser bei variierender Periode angepasst werden. Diese Anpassung ist zusammen mit den experimentellen Daten in Abb. 5.17 dargestellt.

Trotz der sehr vereinfachten Annahmen in dem Modell lässt sich eine gute Übereinstimmung der angepassten Kurven mit den experimentellen Daten erzielen. Die Fehlerbalken wurden auf Grund der Lesbarkeit weggelassen, lassen sich jedoch der Abb. 5.14 entnehmen. Die aus den Anpassungen erhalten Daten sowie der daraus bestimmten Diffusionslänge auf dem Substrat sind in Tabelle 5.1 sowie graphisch in Abb. 5.18 dargestellt. Die Diffusionslänge ist dabei für verschiedene Loch- bzw. Nanodrahtdurchmesser konsistent im Rahmen des Fehlers auf 400 nm bestimmt, was sich mit der groben Bestimmung am Anfang dieses Abschnitts von 500 nm im Rahmen des Fehlers deckt. Der Unterschied zwischen den beiden Werten kann einerseits auf die sehr grobe Abschätzung für die Bestimmung ohne Modellierung zurückgeführt werden. Andererseits kann die Diffusion auf dem Substrat an der Kante zu einer ausgedehnten Schicht sich von der Diffusion zu Nanodrähten unterscheiden.

5 Analyse der Wachstumsmechanismen während des selektiven Wachstums

Lochdurchmesser	L_D	ω	V_{dir}
50 nm	422 ± 70 nm	2.7	0.4
60 nm	376 ± 30 nm	3.9	0.5
70 nm	400 ± 10 nm	4.3	0.8
120 nm	373 ± 30 nm	9.1	1.7

Tabelle 5.1: Ergebnisse der Anpassung von Gleichung 5.6 an die experimentellen Daten aus 5.16.

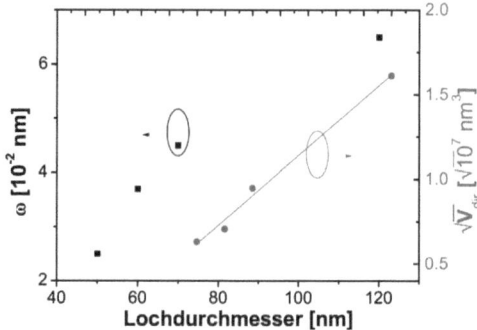

Abbildung 5.18: Darstellung der Fitparameter für verschiedene Lochdurchmesser.

Der Fitparameter V_{dir} wurde direkt wurzelförmig aufgetragen, da das zusätzliche Volumen durch den direkten Einfall insbesondere durch die obere Facette stattfinden sollte, und somit quadratisch mit dem Durchmesser skalieren ($V_{dir} \approx \phi_{Ga} \cdot t_{Wac} \cdot \frac{\pi}{4} d_{ND}^2$). Die bestimmten V_{dir} für die unterschiedlichen Lochdurchmesser wurden anschließend linear angepasst und aus der Steigung ein effektiver Ga-Fluss von 2,5 nm/min bestimmt, der gut mit dem realen Ga-Fluss von $\phi_{Ga} = 2$ **nm/min** übereinstimmt. Die Tatsache, dass der Wert leicht größer ist kann durch den zusätzlichen Einfang auf den Seitenfacetten erklärt werden. Da zusätzlich noch Desorption stattfindet, ist der Differenzwert von modelliertem Ga-Fluss und realem Ga-Fluss von 0,5 nm/min nur eine untere Grenze für den Einfang auf den Seitenfacetten.

Der Fitparameter ω hängt dagegen nicht linear vom Nanodrahtdurchmesser ab. Da mit zunehmendem Durchmesser des Nanodrahtes der Zufluss größer ist, scheint insbesondere der Drahtumfang und damit die Diffusion von dem Substrat zu dem Nanodraht, oder die Desorption auf den Seitenfacetten eine Rolle zu spielen.

5.2.2 Analyse der Diffusion an den Seitenfacetten

Während im vorigen Kapitel die Diffusion von Ga-Atomen auf dem Substrat anhand von Volumenbestimmungen an GaN-Nanodrähten mit unterschiedlichem Abstand untersucht wurde, soll hier die Diffusion auf den Seitenfacetten analysiert werden. Ähnlich wie bei dem vorigen Kapitel besteht hier ebenfalls die Problematik, dass die Diffusion nicht direkt beobachtet werden kann. Daher soll hier das axiale und radiale Wachstum der Nanodrähte durch Messungen der Länge und des Durchmessers für unterschiedliche Wachstumszeiten analysiert werden. Die Idee dahinter ist, dass eine endliche Diffusionslänge auf den Sei-

5.2 Analyse der Diffusion von Ga-Adatomen

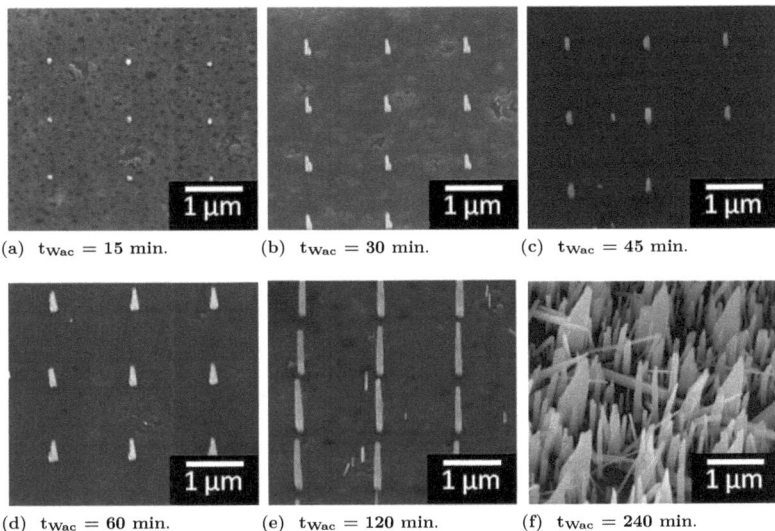

(a) $t_{Wac} = 15$ min. (b) $t_{Wac} = 30$ min. (c) $t_{Wac} = 45$ min.

(d) $t_{Wac} = 60$ min. (e) $t_{Wac} = 120$ min. (f) $t_{Wac} = 240$ min.

Abbildung 5.19: Abbildung des Wachstum nach verschiedenen Wachstumszeiten in SEM-Schrägansicht für einen Lochdurchmesser von $d_{Loch} = 50$ nm.

tenfacetten das axiale Wachstum maßgeblich beeinflussen sollte, da für Nanodrahtlängen, die größer sind als die Diffusionslänge der Ga-Atome auf den Seitenfacetten, Ga-Atome vom Substrat nicht mehr die obere Facette erreichen können und somit nicht mehr dem axialen Wachstum zur Verfügung stehen.

In Abb. 5.19 sind SEM-Bilder in Schrägansicht für verschiedene Wachstumszeiten zwischen $t_{Wac} = 15 - 240$ min dargestellt. Während für $t_{Wac} = 15$ min noch keine ausgeprägte Nanodrahtmorphologie erkennbar ist, da die Nukleationsphase gerade erst abgeschlossen wurde, sind für $t_{Wac} = 30 - 120$ min deutlich Nanodrähte ohne signifikantes, parasitäres Wachstum zu erkennen. Für eine Wachstumszeit von $t_{Wac} = 240$ min ist dagegen parasitäres Wachstum auf der Maske vorhanden. Die selektiv gewachsenen Nanodrähte sind jedoch deutlich durch die periodische Anordnung von Nanodrähten mit vergleichbarer Morphologie erkennbar.

Eine Besonderheit der Nanodrähte ist der inhomogene Nanodrahtdurchmesser, der bereits nach $t_{Wac} = 30$ min deutlich erkennbar ist. Durch die im vorigen Abschnitt 5.1 beschriebene, asymmetrische Nukleation wächst der primäre Nukleationskeim bereits, während weitere Nanodrähte im Loch der Maske nukleieren. Die später im Loch nukleierten Nanodrähte haben dementsprechend eine kürzere Wachstumszeit und führen nach der Koaleszenz der mehrfach in einem Loch nukleieren Nanodrähte zu einer inhomogenen Nanodrahtform. Auf Grund der unterschiedlichen Beobachtungsrichtung ist dies für $t_{Wac} = 120$ min nicht zu erkennen.

Wird der Lochdurchmesser auf $d_{Loch} = 150$ nm vergrößert, ist dieser Effekt noch stärker ausgeprägt (siehe Abb. 5.20). Während der herausragende Abschnitt des anfänglich nukleierten Nanodrahtes nur einen Durchmesser um die 20 nm hat, besitzt der untere Teil

5 Analyse der Wachstumsmechanismen während des selektiven Wachstums

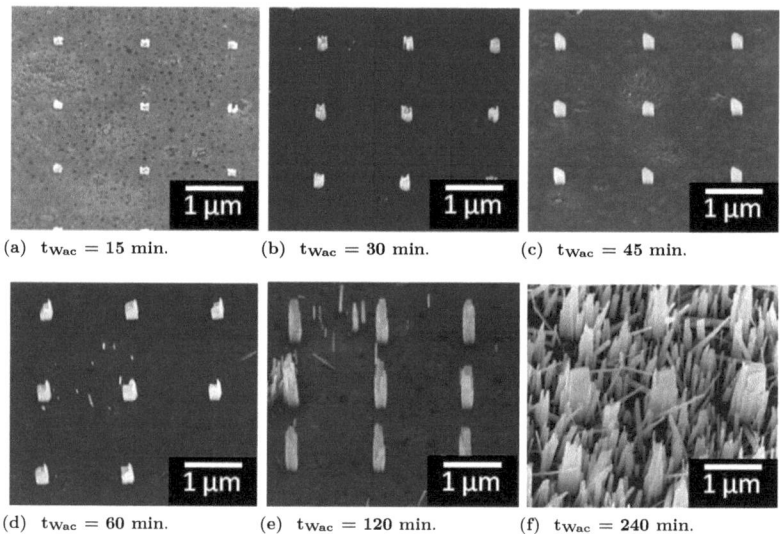

(a) $t_{Wac} = 15$ min. (b) $t_{Wac} = 30$ min. (c) $t_{Wac} = 45$ min.

(d) $t_{Wac} = 60$ min. (e) $t_{Wac} = 120$ min. (f) $t_{Wac} = 240$ min.

Abbildung 5.20: Abbildung des Wachstum nach verschiedenen Wachstumszeiten in SEM-Schrägansicht für einen Lochdurchmesser von $d_{Loch} = 150$ nm.

einen 10 mal größeren Durchmesser. Desweiteren ist in der Probe bei $t_{Wac} = 120$ min deutlich bei dem mittleren Nanodraht eine einseitige Ausprägung (wie eine Wand) an der hinteren Seite des Nanodrahtes erkennbar, die eine Bestimmung der Länge und des Durchmessers erschwert.

Auf Grund dieser Schwierigkeit wurde jeweils die maximale Länge und der maximale Durchmesser bestimmt. Dies ist insofern sinnvoll, da nur bei der maximalen Länge und dem maximalen Durchmesser davon ausgegangen werden kann, dass dieser Teil des Nanodrahtes direkt zu Beginn des Wachstums nukleiert ist und somit eine durch die Inkubationszeit hervorgerufene Fluktuation der Größen minimiert werden kann.

Die Bestimmung der Länge wurde mit Hilfe des Programmes ImageJ von Hand für eine Nanodrahtanzahl von ca. 20 Nanodrähten bestimmt. Nanodrähte, die signifikant kleiner waren oder schräg nukleiert sind, wurden von der Messung ausgeschlossen, da diese Inhomogenitäten auf Störungen im AlN zurückzuführen sind. Um die exakte Länge der Nanodrähte zu bestimmen, sind Umrechnungsschritte der gemessenen Werte notwendig. Da im SEM nur die Projektion der Nanodrähte zu erkennen ist, muss zunächst der Einfluss des Verkippungswinkels der Probe (hier 45°) durch einen Vorfaktor von $\sqrt{2}$ berücksichtigt werden. Da für eine Messung an einer verkippten Probe auch die obere Facette mitgemessen wird, wurde anschließend diese abgezogen. Für den hier benutzten Verkippungswinkel ist der Vorfaktor für die obere und Seitenfacette dabei gleich, sodass keine gesonderte Berechnung der oberen Facette vorgenommen werden musste. Für die Bestimmung des Durchmessers ist keine Umrechnung notwendig, da die Verkippung senkrecht zur Messrichtung liegt und somit die Projektion dem realen Wert entspricht.

In Abb. 5.21 ist das Ergebnis der Längen- und Durchmesserbestimmung für einen Loch-

5.2 Analyse der Diffusion von Ga-Adatomen

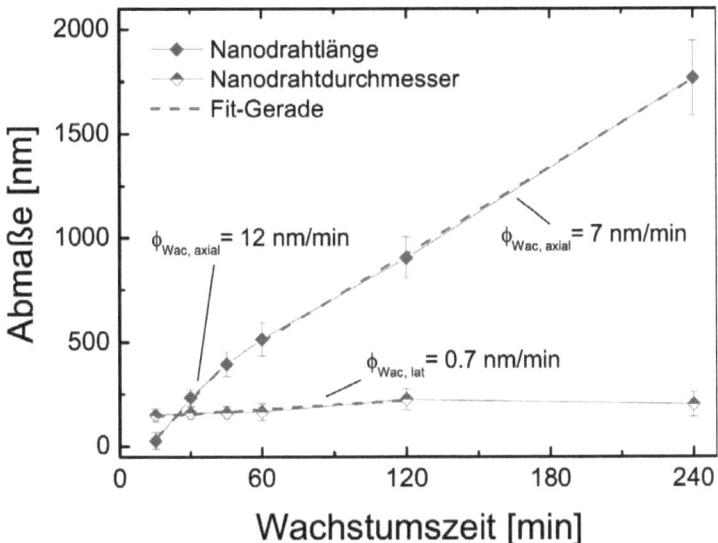

Abbildung 5.21: Messung des Nanodrahtdurchmessers und der -länge für einen Lochdurchmesser von $d_{Loch} = 150$ nm und Periode von $P = 1$ μm für verschiedene Wachstumszeiten.

durchmesser von $d_{Loch} = 150$ nm bei einem Abstand $P = 1$ μm dargestellt. Es sind deutlich zwei Bereiche mit unterschiedlichen Wachstumsraten für das Längen- und Durchmesserwachstum zu erkennen. Um diese zu bestimmen, wurde eine Gerade an die Messwerte angepasst und deren Steigung, die der Wachstumsrate entspricht, bestimmt. Während für die Längenmessung die Steigung für Wachstumszeiten von $t_{Wac} = 15 - 45$ min und $t_{Wac} = 60 - 240$ min getrennt bestimmt wurde, ändert sich die laterale Wachstumsrate erst bei $t_{Wac} = 120$ min.

Zu Beginn des Wachstums liegt die axiale Wachstumsrate bei $\phi_{Wac,axi} = 12$ nm/min, während für Wachstumszeiten über $t_{Wac} = 60$ min die axiale Wachstumsrate der Nanodrähte auf $\phi_{Wac,axi} = 7$ nm/min abfällt. Die laterale Wachstumsrate liegt dagegen um eine Größenordnung niedriger bei $\phi_{Wac,lat} = 0,7$ nm/min und kommt für Wachstumszeiten über $t_{Wac} = 120$ min teilweise zum Erliegen. Der Nanodrahtdurchmesser scheint sogar zu Sinken. Auf Grund des großen Messfehlers und der Existenz von nur einem Messpunkt lässt sich eine klare Aussage über das laterale Wachstum dort nicht treffen.

Um das Wachstumsverhalten besser zu verstehen, wurden zusätzliche Nanodrähte, die aus verschiedenen Lochdurchmesser ($d_{Loch} = 20 - 150$ nm) gewachsen sind, analysiert. Die Ergebnisse der Längenmessung für verschiedene Wachstumszeiten sind in 5.22 dargestellt. Um die Lesbarkeit der Graphen zu gewährleisten wurden die Fehlerbalken weggelassen, sie sind jedoch vergleichbar zu den Ergebnissen in Abb. 5.21.

Vergleichbar zu dem Wachstum aus Löchern mit $d_{Loch} = 150$ nm ist auch bei kleineren Lochdurchmesser eine Änderung der Wachstumsrate beobachtbar. Der Verlauf ist dabei

5 Analyse der Wachstumsmechanismen während des selektiven Wachstums

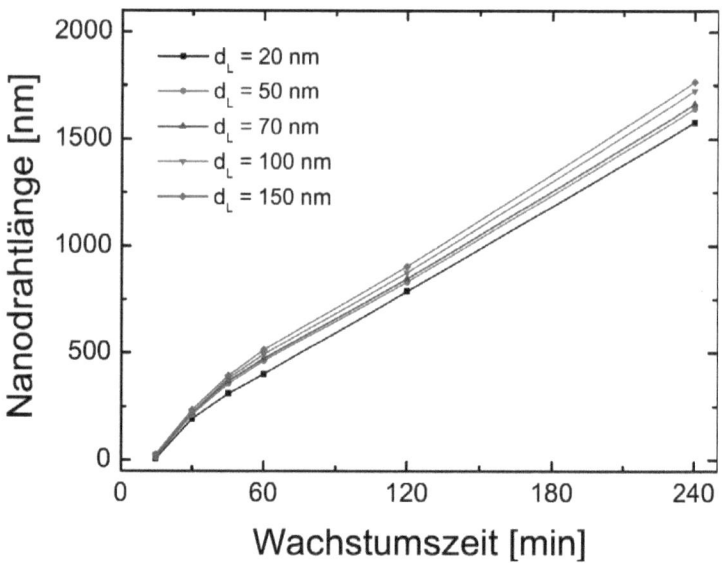

Abbildung 5.22: Vergleich der Nanodrahtlänge über der Wachstumszeit für verschiedene Lochdurchmesser.

äquivalent zu dem Verlauf des Wachstums aus Löchern mit $d_{Loch} = 150$ nm. Während zu Beginn des Wachstums die axiale Wachstumsrate für alle Lochdurchmesser nahezu gleich ist, beginnt der Abfall der axialen Wachstumsrate für kleinere Lochdurchmesser bereits früher. Während für den kleinsten Durchmesser von $d_{Loch} = 20$ nm bereits nach $t_{Wac} = 30$ min ein deutlicher Abfall der axialen Wachstumsrate sichtbar ist, ist eine Separation der Länge in Abhängigkeit des Lochdurchmessers für größere Lochdurchmesser erst über $t_{Wac} = 45$ min deutlich erkennbar und nimmt für das weitere Wachstum noch leicht zu.

Ein etwas anderes Bild zeichnet sich für die Entwicklung des Nanodrahtmesser mit der Zeit ab. Auf Grund der sehr inhomogenen Form der Nanodrähte (siehe Inset in Abb. 5.23a) wurde der Durchmesser in zwei unterschiedlichen Richtungen bestimmt. Wegen der bekannten Ausrichtung der Probe konnten die beiden Richtungen für alle Wachstumszeiten beibehalten werden. Die Ergebnisse der Durchmesserbestimmung in die beiden Richtungen ist in Abb. 5.23 dargestellt.

Für alle Lochdurchmesser steigt der Nanodrahtdurchmesser mit zunehmender Wachstumszeit linear an. Dabei nimmt mit zunehmendem Lochdurchmesser die laterale Wachstumsrate von $\phi_{Wac,lat} = 0{,}3$ nm/min bei $d_{Loch} = 20$ nm auf $\phi_{Wac,axi} = 0{,}7$ nm/min bei $d_{Loch} = 150$ nm zu. Für eine Wachstumszeit größer als $t_{Wac} = 120$ min sinkt die laterale Wachstumsrate für Lochdurchmesser von $d_{Loch} = 50 - 100$ nm deutlich, während sie für einen Lochdurchmesser von $d_{Loch} = 20$ nm nahezu konstant bleibt. Für einen Lochdurchmesser von $d_{Loch} = 150$ nm nimmt der absolute Nanodrahtdurchmesser sogar etwas ab.

In der entgegengesetzten Richtung folgt das laterale Wachstum ebenfalls einem linearen

5.2 Analyse der Diffusion von Ga-Adatomen

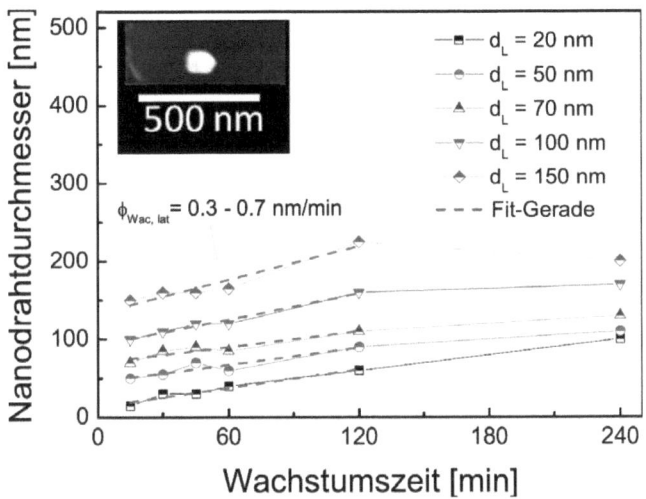

(a) Durchmesser senkrecht zur Seitenfacette mit direktem Ga-Einfall. Das Inset zeigt in einem SEM-Aufsichtsbild die Asymmetrie der gewachsenen Nanodrähte anhand eines aus einem Loch mit einem Durchmesser von $d_{Loch} = \mathbf{70}$ **nm** gewachsenen Nanodrahtes.

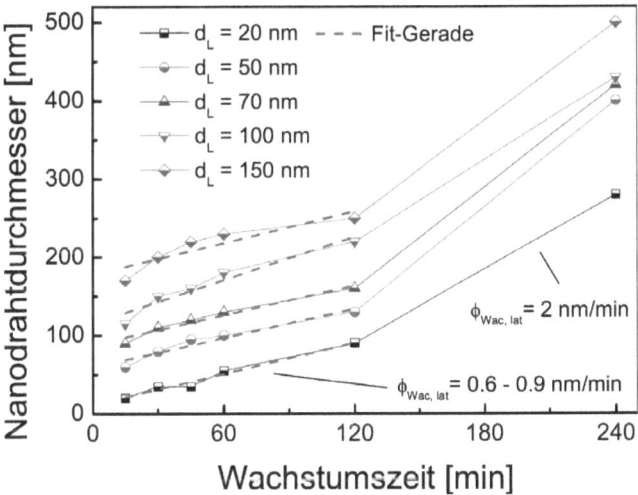

(b) Durchmesser parallel zur Seitenfacette mit direkten Ga-Einfall.

Abbildung 5.23: Messung des Durchmessers der Nanodrähte in Abhängigkeit von der Wachstumszeit für verschiedene Lochdurchmesser.

5 Analyse der Wachstumsmechanismen während des selektiven Wachstums

Verlauf bis zu einer Wachstumszeit von $t_{Wac} = 120\text{ min}$. Die Wachstumsraten hier liegen zwischen $\phi_{Wac,lat} = 0,6\text{ nm/min}$ und $\phi_{Wac,lat} = 0,9\text{ nm/min}$ für einen Lochdurchmesser von $d_{Loch} = 20\text{ nm}$ respektive $d_{Loch} = 100\text{ nm}$. Eine deutliche Abweichung von diesem Verlauf lässt sich nur für einen Lochdurchmesser von $d_{Loch} = 150\text{ nm}$ feststellen, bei dem der anfängliche Anstieg abflacht und zu sättigen beginnt. Wird für diesen Lochdurchmesser nur das Wachstum bis $t_{Wac} = 60\text{ min}$ betrachtet, ergibt sich eine laterale Wachstumsrate von $\phi_{Wac,lat} = 1,3\text{ nm/min}$. Für eine Wachstumszeit oberhalb von $t_{Wac} = 120\text{ min}$ ergibt sich, unabhängig vom Lochdurchmesser, eine drastische Steigerung der lateralen Wachstumsrate auf ca. $\phi_{Wac,lat} = 2\text{ nm/min}$ (Auf Grund der Existenz von jeweils nur zwei Messpunkten ist eine exakte Anpassung nicht möglich).

Diskussion Wie bereits im vorigen Abschnitt diskutiert, kann über die Volumenänderung des Nanodrahtes in Abhängigkeit einer variablen Größe Rückschlüsse auf die Wachstumsprozesse gezogen werden. Während die Diffusion auf dem Substrat Einfluss auf das Gesamtvolumen hat, beeinflusst die Diffusion auf den Seitenfacetten die Verteilung des eintreffenden Materials auf dem Nanodraht. Mit diesem Hintergrundwissen lassen sich interessante Erkenntnisse aus der Wachstumsanalyse gewinnen.

Wird zunächst das axiale Wachstum betrachtet so fällt auf, dass die Wachstumsrate sich mit der Wachstumszeit ändert. Die Wachstumsrate von $\phi_{Wac,axi} = 12\text{ nm/min}$ am Anfang des Wachstums entspricht dabei im Rahmen des Fehlers der nominellen Wachstumsrate des N-Flusses ($\phi_N = 13\text{ nm/min}$) und ist signifikant höher als der eintreffende Ga-Fluss von $\phi_{Ga} = 3\text{ nm/min}$. Daraus folgt direkt, dass eine effektive Diffusion von Ga-Atomen von der Seitenfacette zu der oberen Facette stattfinden muss, damit ein hinreichend großer Zufluss von Ga-Atomen zum Erreichen der axialen Wachstumsrate von $\phi_{Wac,axi} = 13\text{ nm/min}$ vorhanden ist. Dabei ist die Diffusion durch die Größe der Seitenfacette limitiert, da nur eine begrenzte Anzahl an Atomen entlang der Seitenfacette diffundieren kann. Für ein rein diffusionsinduziertes Wachstum würde für dünne Nanodrähte eine höhere Wachstumsrate zu erwarten sein, da die Menge an Atomen, die für eine Monolage auf der oberen Facette notwendig ist, quadratisch mit dem Durchmesser skaliert, während die Seitenfacette und damit der Zufluss an Atomen durch die Diffusion nur linear ansteigt. Da die axiale Wachstumsrate zu Beginn des Wachstums nahezu unabhängig vom Lochdurchmesser ist, Diffusion jedoch definitiv stattfinden muss, damit genügend Ga-Atome für das axiale Wachstum zur Verfügung steht, deutet dies auf ein N-limitiertes Wachstum hin. Das bedeutet, dass weitaus mehr Ga-Atome die obere Facette erreichen, die Einbaurate jedoch durch den eintreffenden N-Fluss begrenzt ist.

Für das weitere Wachstum fällt die axiale Wachstumsrate auf $\phi_{Wac,axi} = 7\text{ nm/min}$ ab, wobei die Wachstumsrate für unterschiedliche Lochdurchmesser für größer werdende Löcher leicht zunimmt. Da der direkte Einfall auf die obere Facette proportional mit der Fläche dieser Facette skaliert, ist die Ursache dieses Abfalls in der diffusionsinduzierten Zufuhr von Ga-Atomen zu suchen. Wird zunächst der direkte Einfall auf die Seitenfacette betrachtet, so nimmt mit zunehmender Länge die Einfangfläche auf der Seite für Ga-Atome zu, sodass eher eine Zunahme zu erwarten wäre. Wird gleichzeitig der Einbau auf den Seitenfacetten berücksichtigt, so wäre eine konstante Wachstumsrate zu erwarten, bzw. wenn gleichzeitig die vergrößerte, obere Facette beachtet wird, einen stärkeren Abfall für größere Lochdurchmesser. Somit lässt sich die Änderung der Einsammelfläche auf den Seitenfacetten durch den direkten Einfall von Ga-Atomen als Ursache ausschließen.

Eine andere Möglichkeit ist eine limitierte Diffusionslänge auf den Seitenfacetten. Die Idee dahinter ist äquivalent zu der Diffusionslänge auf dem Substrat und beschreibt die

5.2 Analyse der Diffusion von Ga-Adatomen

mittlere freie Weglänge der Ga-Atome auf den Seitenfacetten, bevor sie eingebaut werden oder desorbieren. Für Nanodrahtlängen, die größer sind als diese Diffusionslänge, ist ein Abfall der Zufuhr von Ga-Atomen, die durch Diffusion auf dem Substrat über die Diffusion auf den Seitenfacetten dem axialen Wachstum zugeführt werden, zu erwarten. Da dies hier beobachtet wird, lässt sich die Diffusionslänge auf den Seitenfacetten auf ca. 400 nm approximieren (siehe gestrichelte Linie in Abb. 5.21).

Eine weitere Beobachtung bezüglich der axialen Wachstumsrate in Abhängigkeit von dem Lochdurchmesser ist der frühere Beginn des Abfalls für kleinere Lochdurchmesser (Abb. 5.22). Das bedeutet, dass die Diffusionslänge auf dünneren Nanodrähten kleiner ist als auf Nanodrähten mit größerem Durchmesser. Da die Einbauwahrscheinlichkeit an den Seitenfacetten, also das laterale Wachstum, in diesem Falle konstant ist (siehe Abb. 5.23), muss die Diffusionslänge auf den Seitenfacetten durch die Desorption limitiert sein.

Für Tropfeninduziertes Wachstum von Nanodrähten wird die Abhängigkeit der Desorption aus den Tropfen von dem Nanodrahtdurchmesser mit dem Gibbs-Thompson-Effekt erläutert, der eine Erhöhung der Desorptionsrate für stärker gekrümmte Tropfenoberfläche beschreibt. Da beim GaN-Nanodrahtwachstum kein Ga-Tropfen vorhanden ist, kann dieser Effekt nicht direkt auftreten. Es wäre jedoch vorstellbar, dass an den Kanten zwischen den Seitenfacetten des Nanodrahtes die Desorption höher ist als auf den ebenen Flächen dazwischen. Damit würde bei einem kleineren Nanodrahtdurchmesser das Kanten- zu Oberflächenverhältnis größer werden und die Desorption zunehmen. Trotz der Plausibilität dieser Erklärung gegenüber den Messdaten lässt sich der hier gegebene Erklärungsansatz nicht durch theoretische Betrachtungen untermauern, da weder die genaue atomare Struktur an den Kanten, noch Modelle zu der Desorption vorliegen und im Allgemeinen die Desorption auf Nanodrähten wenig untersucht ist. Dennoch lässt sich mit dieser Hypothese die gemessene Beobachtung erklären.

Für die Änderung des Durchmessers mit der Zeit ist eine lineare Abhängigkeit des lateralen Wachstums mit der Wachstumszeit für Wachstumszeiten bis $t_{Wac} = 120$ min beobachtbar. Unabhängig von der Messrichtung des Nanodrahtdurchmessers nimmt die laterale Wachstumsrate mit zunehmendem Lochdurchmesser zu, bleibt jedoch auch für den größten Lochdurchmesser noch knapp eine Größenordnung unterhalb des axialen Wachstums. Die laterale Wachstumsrichtung, die der Ga-Zelle zugewandt ist, weist eine um den Faktor zwei höhere Wachstumsrate auf im Vergleich zu der dazu senkrechten Wachstumsrichtung (für einen Lochdurchmesser von $d_{Loch} = 150$ nm gilt diese Aussage bis zu einer Wachstumszeit von $t_{Wac} = 60$ min). Auf Grund der Voruntersuchungen zur Diffusion auf dem Substrat ist bekannt, dass für die hier gewählte Lochperiode von $P = 1$ μm das Nanodrahtvolumen um den Faktor 2 größer ist als für einen vergleichbaren Nanodraht, der ohne Diffusion von Ga-Atomen vom Substrat zu den Nanodrähten gewachsen ist. Dadurch hängt das laterale Wachstum signifikant vom Material ab, welches vom Substrat zu den Nanodrähten diffundiert. Das Wachstum ließe sich auf den Seitenfacetten ohne direkten Ga-Einfall durch die Diffusion der Ga-Atome vom Substrat zu den Seitenfacetten des Nanodrahtes erklären, während auf der Seite mit direktem Einfall das zusätzliche Ga durch den direkten Einfall eine deutliche Erhöhung des lateralen Wachstums hervorruft.

Prinzipiell könnte auch eine Diffusion der Ga-Atome um den Nanodraht vorstellbar sein, was z.B. in der Veröffentlichung von Lymperakis et al. in [70] auch vorgeschlagen wird. Hier wird jedoch nur die Diffusion innerhalb der Seitenfacette betrachtet, während für die Diffusion von einer Facette auf die Andere die Facettenkante ebenfalls überwunden werden muss und diese evtl. eine energetische Barriere darstellen könnte. Würde man dennoch diesem Szenario gedanklich folgen, müsste, damit auf der Seite, die gegenüber

5 Analyse der Wachstumsmechanismen während des selektiven Wachstums

(a) Originalbild.

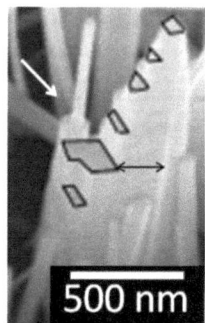
(b) Konturverstärke Abbildung.

Abbildung 5.24: Abbildung eines Einzeldrahtes nach $t_{Wac} = 240$ min für einen Lochdurchmesser von $d_{Loch} = 70$ nm. Der weiße Pfeil indiziert den einfallenden Ga-Fluss, der Schwarze den erwarteten Durchmesser bei einer weithin linearen Wachstumsrate.

der Seite des einfallenden Flusses liegt, noch Wachstum stattfinden kann, ein Großteil des Materials über die anderen Seiten transportiert werden. Da dadurch auf diesen Seiten die Einbauwahrscheinlichkeit steigt, würden sich die Wachstumsraten angleichen.

Vergleicht man die beiden lateralen Wachstumsraten in Abb. 5.23 für eine Wachstumszeit von $t_{Wac} = 240$ min so wird die vorige Hypothese des Ausbleibens von Diffusion von Ga-Atomen zwischen den Seitenfacetten unterstrichen. Während die Wachstumsrate der zellenzu- und zellenabgewandten Seite drastisch auf Werte um $\phi_{Wac,lat} = 2$ nm/min zunimmt, fällt die entgegengesetzte Wachstumsrichtung für Lochdurchmesser zwischen $d_{Loch} = 50 - 150$ nm ab, während bei $d_{Loch} = 20$ nm die Wachstumsrate nahezu konstant bleibt. Für Lochdurchmesser zwischen $d_{Loch} = 50 - 100$ nm nimmt die laterale Wachstumsrate ab, während bei einem Lochdurchmesser von $d_{Loch} = 150$ nm der Nanodrahtdurchmesser sogar fällt.

Für die Interpretation dieser Änderung des lateralen Wachstums ist es wichtig sich zu erinnern, dass zwischen $t_{Wac} = 120$ min und $t_{Wac} = 240$ min das parasitäre Wachstum auf der Maske eingesetzt hat (siehe Abb. 5.20 und 5.19). Da durch das parasitäre Wachstum Material, welches sonst dem selektiven Wachstum über der Diffusion vom Substrat zu den Nanodrähten zur Verfügung steht, teilweise verbraucht wird, lässt sich die Verringerung der lateralen Wachstumsrate ohne direkten Einfall erklären. Während für kleine Durchmesser die verbleibende Diffusion ausreicht, um das laterale Wachstum aufrecht zu erhalten, sinkt mit zunehmenden Durchmesser die laterale Wachstumsrate, da nicht mehr genügend Material zur Verfügung steht, um das Wachstum auf der kompletten Seitenfacette zu gewährleisten. Da das Ga auf den Seitenfacetten nach den Untersuchungen in Abschnitt 4.4.2 bei den hier benutzten hohen Temperaturen eine stabilisierende Wirkung haben kann, lässt sich das Absenken des Nanodrahtdurchmessers für einen Lochdurchmesser von $d_{Loch} = 150$ nm durch die Dekomposition erklären.

Für die Interpretation der Messergebnisse auf den Seitenfacetten mit direktem Ga-Einfall ist eine genauere Untersuchung der Nanodrahtmorphologie notwendig. Hierzu ist in

5.2 Analyse der Diffusion von Ga-Adatomen

Abb. 5.24a eine Darstellung eines einzelnen Nanodrahtes für einen Lochdurchmesser von $d_{Loch} = 70$ nm bei einer Wachstumszeit von $t_{Wac} = 240$ gegeben. Es ist deutlich zu erkennen, dass keine glatte obere Facette ausgebildet ist. Stattdessen sind die Seitenfacetten abgestuft, wobei eine Stufe besonders stark ausgeprägt ist. Unter der Annahme einer lateralen Wachstumsrate, die äquivalent zu der für kürzere Wachstumszeiten bestimmten Wachstumsrate ist, würde ein Nanodraht mit einem Durchmesser äquivalent zu der Länge des schwarzen Pfeiles zu erwarten sein. Die Position des ursprünglichen Nanodrahtes ist durch die Spitze des Nanodrahtes eindeutig gegeben, da diese durch die bevorzugte Nukleation am Rand des Loches entstanden ist (der Ga-Fluss trifft hierbei von links auf den Nanodraht (weißer Pfeil in Abb. 5.24b). Das deutlich ausgeprägte Plateau befindet sich dabei außerhalb des zu erwartenden Nanodrahtes und wird durch den eintreffenden Ga-Fluss induziert (in Abb. 5.19f ist deutlich die homogene Ausbildung dieser Plateaus für mehere Nanodrähte entlang der gleichen Richtung gezeigt). Da das laterale Wachstum auch schon für kürzere Wachstumszeiten durch den direkten Einfall beeinflusst wurde, lässt sich darüber keine Erklärung liefern.

Eine sinnvolle Erklärung liefert das Modell aus Abschnitt 5.1 über die Nukleation von selektiven Nanodrähten. Da die Seitenfläche des Nanodrahtes als effektive Einsammelfläche wirkt, kann sich dort die Adatomdichte im Vergleich zum Substrat erhöhen. Da Diffusion sowohl vom Substrat zu dem Nanodraht stattfinden kann, als auch umgekehrt, nimmt die Adatomdichte am Fuss des Nanodrahtes zu und es kommt dort zu einem neuen Nukleationskeim, der als Nanodraht an dem anderen Nanodraht entlangwächst. Dadurch ist die Vergrößerung des Nanodrahtdurchmessers nicht direkt einem lateralen Wachstum zuzuordnen, sondern dem neu nukleierten Nanodraht. Da hierbei die Nukleation auf dem Substrat stattfindet, ist die Inkubationszeit entsprechend hoch und dieses Phänomen tritt erst für lange Wachstumszeiten auf.

6 Zusammenfassung und Ausblick

6.1 Zusammenfassung

In dieser Arbeit wurde das geordnete Wachstum von III-Nitrid-Nanodrähten untersucht. Dazu wurde zunächst der Einfluss der Dotierung auf das Wachstum von InN-Nanodrähten analysiert und für eine Dotierung mit Si eine Verringerung der Dichte der InN-Nanodrähte beobachtet. Zusätzlich wurde durch eine Variation der Wachstumsparameter eine Kombination dieser Parameter gefunden, die eine sehr hohe Homogenität der InN-Nanodrähte ermöglicht. Die zugehörige Temperatur befindet sich dabei oberhalb der Dekompositionstemperatur von InN, was ebenfalls unerwartet ist und mit einer Unterdrückung der Dekomposition durch die Si-Dotierung aufgrund der höheren Bindungsenergie zwischen Si-N im Vergleich zu In-N interpretiert wurde. Eine weitere Besonderheit des Si-dotierten Wachstums von InN-Nanodrähten ist die Ausbildung einer kristallinen InN-Schicht zwischen den Nanodrähten. Da die Deposition von kristallinem InN auf Si äußerst schwierig ist, konnte somit ein Parameterfenster gefunden werden, bei dem eine kristalline Deposition anscheinend möglich ist. Zusätzlich wurde neben einer sehr guten kristallinen Qualität der Nanodrähte eine erfolgreiche Dotierung anhand von PL- und Ramanmessungen nachgewiesen.

Für Mg-dotierte InN-Nanodrähte konnte dagegen kein Einfluss der Dotierung auf die Morphologie der Nanodrähte festgestellt werden. Da ein Nachweis der erfolgreichen Dotierung aufgrund der hohen, negativen Hintergrundsladungsträgerdichte sowie der Elektronenanreicherungsschicht an der Oberfläche sehr schwierig ist, wurden zusätzlich zu der optischen Charakterisierung elektrische Transportmessungen durchgeführt. Bei den PL- und Ramanmessungen wurden dabei lediglich eine Fluktuation der PL-Intensität, respektive eine Verschmalerung der Halbwertsbreite des LO-Phonons beobachtet, was mit einem Einfluss der Mg-Dotierung auf das elektronische System des InN-Nanodrahtkristalls zwar erklärt werden kann, jedoch keinem Nachweis der Dotierung entspricht. Im Gegensatz dazu konnte durch Transportmessungen eine Verringerung des durchmesserabhängigen, spezifischen Leitwerts und somit einer Kompensation der negativen Hintergrundladung beobachtet werden.

In den folgenden Kapiteln wurde das selektive Wachstum von GaN-Nanodrähten untersucht. Nach einer Diskussion der vorhandenen Literatur und der aufwendigen Prozessierung der Substrate wurde zunächst das nicht-selektive Wachstum bei hohen Temperaturen und hohen Ga-Flüssen durch eine Variation dieser Werte analysiert. Dabei konnte eine bevorzugte Nukleation von schräg gewachsenen Nanodrähten für hohe Temperaturen beobachtet werden, die durch Unebenheiten in der Substratoberfläche interpretierbar sind. Anschließend wurde die zeitliche Entwicklung der GaN-Nanodrähte mittels LoS-QMS- und Wachstumsratenanalysen untersucht. Hierbei konnte bei der Ga-Desorption eine Anomalie für längere Wachstumszeiten beobachtet werden, die bei dem Wachstum bei tieferen Temperaturen nicht auftritt und auf die Dekomposition der lateralen Facetten der Nanodrähte bei diesen Wachstumstemperaturen zurückgeführt werden konnte. Desweiteren konnten Hinweise auf eine Unterdrückung der Dekomposition sowohl durch eine reine Ga-,

6 Zusammenfassung und Ausblick

als auch N-Zufuhr beobachtet werden. Ein weiterer wichtiger Hinweis für das Verständnis des Nanodrahtwachstums ist die Tatsache, dass die axiale Wachstumsrate der Nanodrähte nahe der nominellen N-Rate liegt, was auf ein N-limitiertes Wachstum hindeutet.

In Vorbereitung auf das selektive Wachstum wurde zusätzlich die Nukleationsabhängigkeit der Nanodrähte von den Wachstumsparametern untersucht, da die Unterschiede in der Inkubationszeit auf der Maske und dem Substrat das selektive Wachstum ermöglichen. Dazu wurde das Wachstum bei einem gegebenen Ga-Fluss bei Temperaturen mit extrem hohen Inkubationszeiten begonnen und die Desorption mittels eines LoS-QMS beobachtet. Nach einer festen Wachstumszeit (30 min) wurde die Wachstumstemperatur reduziert und dieser Vorgang solange wiederholt, bis das Desorptionssignal beginnt abzufallen und dementsprechend die Nukleation stattfinden konnte. Durch eine Wiederholung dieses Experiments für verschiedene Ga-Flüsse sowie auf Si- und AlN gepufferten Si-Substraten konnte somit der Parameterraum der Wachstumsparameter eingegrenzt werden.

In dem folgenden Abschnitt wurde in dem vorher bestimmten Parameterraum der Einfluss der Wachstumsparameter auf das selektive Wachstum auf AlN-gepufferten Si(111) mit einer SiO_x-Lochmaske untersucht. Prinzipiell erhöht sich das deponierte Material in die selektiven Nanodrähte bei einer Erhöhung der Wachstumszeit, des Ga- und N-Flusses, sowie einer Verringerung der Substrattemperatur. Gleichzeitig erhöht sich die Wahrscheinlichkeit des Wachstums auf der Maske, jedoch bleibt in diesem Fall die Selektivität aufgrund des größeren Volumens der Nanodrähte, die aus den Löchern in der Maske gewachsen sind, weiterhin sichtbar erhalten. Für eine entgegengesetzte Variation der Wachstumsparameter ist eine Reduktion des insgesamt deponiertem Volumens zu beobachten, was auf eine erhöhte Desorption und Dekomposition und somit auf eine Verringerung der Wachstumsrate zurückgeführt werden kann.

Im Anschluss an die Untersuchung der Wachstumsparameter wird der Einfluss des Lochdurchmessers auf die Homogenität und die Morphologie der Nanodrähte untersucht. Dabei wurde insbesondere ein Augenmerk auf die statistische Verteilung der Nanodrähte für Lochdurchmesser zwischen 40 – 135 nm gelegt. Interessanterweise lässt sich eine gegenläufige Entwicklung des Durchmessers und der Länge beobachten. Mit zunehmendem Lochdurchmesser nimmt die Längenverteilung der Länge ab, während die Halbwertsbreite der Durchmesserverteilung zunimmt, sodass sich ein optimaler Lochdurchmesser (70 nm) für die gewählten Wachstumsparameter bestimmen lässt.

Unter der Verwendung der optimalen Wachstumsparameter wurden dann die physikalischen Prozesse während des Wachstums untersucht. Als erstes wurde dabei das Wachstum auf unterschiedlichen Substraten untersucht und Rückschlüsse auf die Nukleation gezogen. Hierzu wurde die Prozessierung derart variiert, dass sowohl unterschiedliche Maskentopographien, als auch verschiedene Substrat- und Maskenmaterialen benutzt werden konnten. Es konnte erstaunlicherweise eine selektive Deposition für reine Si-Substrate beobachtet werden, was aus technologischer, als auch physikalischer Sicht, sehr interessant ist. Einerseits kann eine aufwändige Vorprozessierung und Benutzung von kostspieligen Materialien vermieden werden, andererseits können Nukleationsmechanismen, die auf unterschiedliche Masken- oder Substratmaterialien beruhen, dadurch als grundlegende Mechanismen zum Erreichen des selektiven Wachstums ausgeschlossen werden. Trotz dieser Beobachtung ließ sich eine verbesserte Kontrolle des selektiven Wachstums durch einen Unterschied in dem Masken- und Substratmaterial feststellen. Zusätzlich ermöglicht das selektive Wachstum aus Löchern im Vergleich zum Wachstum auf Inseln eine verbesserte Wachstumskontrolle.

Wird die Orientierung der selektiv gewachsenen GaN-Nanodrähte betrachtet, so ist insbesondere auf reinen Si-Loch- sowie AlN-Inselsubstraten eine asymmetrische Verkip-

6.1 Zusammenfassung

pung der Nanodrähte zu beobachten, die durch die eindeutige, geometrische Anordnung der Zellen auf einen Einfluss des eintreffenden Ga-Flusses schließen lässt. Dies wird zusätzlich durch eine asymmetrische Verteilung des Nanodrahtvolumens für das selektive Wachstum auf AlN-gepufferten Si-Substraten bestätigt. Während auf den Si-Loch- und AlN-Inselsubstraten die Verkippung durch eine einseitige Nukleation am Rand des Loches erklärt werden kann, findet derselbe Effekt auch bei den AlN-gepufferten Si-Substraten statt. Hier wird jedoch die Orientierung der Nanodrähte durch das AlN vorgegeben, sodass der Effekt sich nur in der asymmetrischen Verteilung des Nanodrahtvolumens wiederspiegelt. Durch ein neu entwickeltes Modell konnte die asymmetrische Nukleation durch die Ansammlung der einfallenden Ga-Atome an den Kanten der Löcher bzw. Inseln, was in eine lokale Erhöhung der Ga-Adatomdichte resultiert, beschrieben werden. Dieses Modell wird durch selektiv gewachsene Proben mit kurzer Wachstumszeit untersucht, bei denen die Nukleationsphase direkt beobachtet werden kann. Dabei konnte eindeutig wie vorhergesagt eine asymmetrische Nukleation am Rand der Löcher beobachtet werden. Interessanterweise wurde die bevorzugte Nukleation am Rand des Loches durch Defekte in der AlN-Schicht verstärkt, was auf einen allgemeinen Effekt der bevorzugten Nukleation sowohl auf selektiven, als auch auf nicht-selektiven Substraten hindeutet. Desweiteren wird davon ausgegangen, dass dieser Prozess allgemeiner Natur ist und bei dem selektiven Nanodrahtwachstum mittels MBE grundsätzlich auftritt, jedoch nur durch das Wachstum ohne Rotation eindeutig beobachtet werden kann.

Um die Rolle der AlN-Schicht besser zu verstehen wurden desweiteren in dem selben Kapitel selektiv gewachsene Proben mit unterschiedlich deponierten AlN-Pufferschichten untersucht. Hierbei konnte ein signifikanter Unterschied zwischen gesputtertem, N-reich und Al-reich MBE-gewachsenem AlN beobachtet werden. Während die Morphologie der Nanodrähte aufgrund der vermutlich amorphen oder stark polykristallinen Struktur der gesputterten AlN-Schicht signifikant gestört ist, sind für die Al-reich MBE-gewachsenem AlN homogene Nanodrähte zu beobachten. Interessanterweise ist für eine N-reich gewachsene AlN-Schicht kein Nanodrahtwachstum feststellbar. Stattdessen bilden sich Inseln aus, deren Länge selbst nach 4 h Wachstum nicht signifikant über die Lochkante hinausreicht. In der Literatur gibt es bereits erste Anzeichen, dass durch die unterschiedlichen Wachstumsbedingungen während der AlN-Schichtdeposition eine unterschiedliche Polarität in der AlN-Schicht entsteht. Unter dieser Annahme lässt sich das Wachstumsverhalten auf den verschiedenen AlN-Schichten durch die Nukleation, respektive Stabilität des Kristalls erklären. Durch das epitaktische Wachstum nimmt der Nukleationskeim ebenfalls dieselbe Polarität an und bildet aufgrund eines unterschiedlichen Nukleationsprozesses oder einer unterschiedlichen Stabilität der Facetten des Nanodrahtes für das Wachstum auf Al-reichem AlN die stabile c-Facette aus, die das Nanodrahtwachstum ermöglicht. Im Gegensatz dazu findet diese Umwandlung auf N-reichen Schichten nicht statt, sodass das Wachstum durch die erhöhte Dekomposition unterdrückt wird. Diese Argumentation wird zusätzlich durch die Beobachtung untermauert, dass die GaN-Inseln aus großen Löchern (150 nm) eine asymmetrische Form besitzen, da die erhöhte Wachstumsrate auf der Seite, auf der der Ga-Fluss eintrifft, in Übereinstimmung mit den Voruntersuchungen am nicht-selektiven Wachstum auf eine Reduktion der Dekomposition hinweist.

Ein weiterer, sehr interessanter Aspekt lässt sich in den vereinzelt vorhandenen, am Rand der Löcher nukleierten Nanodrähten finden. Diese sind ebenfalls asymmetrisch zugunsten der Ga-Zelle angeordnet, sodass sie sich durch eine Erhöhung der Adatomdichte an der Kante der Insel und damit auf eine induzierte Nukleation auf der Maske interpretieren lassen. Dies wurde für eine weitere Probe mit einem leicht verringerten Ga-Fluss sowie

6 Zusammenfassung und Ausblick

einem erhöhten N-Fluss deutlich ausgeprägter beobachtet und es ließ sich ein konsistentes Modell der Nukleation erzeugen. Während auf N-reich gewachsenem AlN sich zunächst eine Insel ausbildet, welche eine bevorzugte Nukleation am Rand des Loches hervorruft, kann auf Al-reich gewachsenem AlN eine direkte Nukleation in dem Loch stattfinden.

In dem nächsten Kapitel wurden die Diffusionsprozesse während des Wachstums untersucht und sich zunächst auf die Diffusion von Ga-Adatomen auf dem Substrat konzentriert. Dazu wurde die Periode der Löcher und damit der Abstand zwischen den Nanodrähten gezielt variiert und ein Diffusionsmodell für den Einfluss der Diffusion auf das Wachstum der Nanodrähte vorgeschlagen. Dabei konnten drei Bereiche für die Abhängigkeit des Abstandes der Nanodrähte auf das Volumenwachstum identifiziert werden. Für sehr große Abstände sollte der Einfluss der Diffusion nur von der Diffusionslänge auf dem Substrat abhängen, sodass sich eine runde Fläche auf dem Substrat definieren lässt, von der auf das Substrat eintreffende Ga-Atome zum Wachstum des Nanodrahtes beitragen können. Das andere Extrem tritt auf, wenn der Abstand der Nanodrähte kleiner als die Diffusionslänge ist und somit alle auf dem Substrat eintreffenden Ga-Atome zu einem Nanodraht diffundieren können (die Desorption ist implizit in der Diffusionslänge enthalten). Während für den ersten Fall eine runde Einsammelfläche auf dem Substrat mit der Diffusionslänge als Radius entsteht, ist für den letzteren Fall eine Einteilung des Substrats in Einheitszellen, die nur von der Periode der Löcher abhängig ist, notwendig. Der dritte Bereich bezieht sich auf den Übergangsbereich und ist sowohl von der Periode, als auch von der Diffusionslänge abhängig. Zur Überprüfung des Modells wurde die Länge und der Durchmesser von selektiv gewachsenen Nanodrähten mit unterschiedlichen Abständen gemessen und mit Hilfe eines zylindrischen Modells das Volumen berechnet. Zusätzlich wurde aus dem Diffusionsmodell eine Formel für das Volumen entwickelt, die an die experimentellen Daten angepasst wurde. Neben der sehr guten Übereinstimmung der experimentellen Daten mit dem Diffusionsmodell konnte eine Diffusionslänge von 400 nm bestimmt werden.

Ähnlich wurde für die Analyse der Diffusion auf den Seitenfacetten vorgegangen. Hier wurden Proben mit unterschiedlichen Wachstumszeiten hergestellt und ebenfalls die Länge und der Durchmesser gemessen und daraus die axiale und laterale Wachstumsrate bestimmt. Dabei wurde zu Beginn des Wachstums eine axiale Wachstumsrate bestimmt, die der äquivalenten Wachstumsrate des N-Flusses entspricht und somit ein N-limitiertes Wachstum impliziert. Eine Änderung der axialen Wachstumsrate konnte für eine Länge von 500 nm beobachtet werden, was mit einer limitierten Diffusion auf den Seitenfacetten erklärt werden und somit die gemessene Änderung der Wachstumsrate bei 500 nm der mittleren Diffusionslänge zugeordnet werden kann.

Für das laterale Wachstum ergab sich ein anderes Bild. Hier konnte ein nahezu linearer Anstieg des Durchmesser mit der Zeit und somit eine konstante, laterale Wachstumsrate beobachtet werden. Dabei konnte erneut ein Einfluss der Ga-Zelle beobachtet werden, da die Wachstumsraten für die beiden unterschiedlichen, lateralen Wachstumsrichtungen verschieden sind. Am deutlichsten wird der Unterschied für eine Wachstumszeit von 4 h, bei der unter direktem Ga-Einfall die laterale Wachstumsrate rapide ansteigt, während in der anderen Richtung die laterale Wachstumsrate marginal oder sogar negativ wird (Dekomposition). Gleichzeitig hat bereits das parasitäre Wachstum auf der Maske begonnen, was die Diffusion vom Substrat zu dem Nanodraht drastisch verringert. Für die Facetten ohne direkten Ga-Einfall kommt dadurch das laterale Wachstum nahezu komplett zum Erliegen, während durch eine beginnende Nukleation von Nanodrähten am Fuss der selektiv gewachsenen Nanodrähten der Durchmesser, durch den vorher bei der Nukleation schon beobachteten Kanteneffekt, weiter zunehmen kann.

6.2 Ausblick

Durch die Entwicklung des selektiven Wachstums auf Si-Substraten lassen sich, trotz der sehr umfangreichen Ergebnisse dieser Arbeit, sowohl grundlegende Fragestellungen zu dem Wachstum und den Eigenschaften von Nanodrähten untersuchen, als auch das Wachstum optimieren und neue, verbesserte Bauteile realisieren.

Bezüglich der Nukleation lässt sich nun gezielt die Evolution der Nanodrähte zu Beginn beobachten und statistisch auswerten. Die Abweichung von der idealen, hexagonalen Form der Nanodrähte ließe sich zusätzlich gezielt mit AFM-/STM-/TEM-Messungen an einzelnen Nukleationskeimen durchführen. Durch eine Variation des Substratmaterials (z.B. AlGaN mit verschiedenen Stöchiometrien) ließe sich zusätzlich die induzierte Verspannung und Grenzflächenenergie zwischen dem Substrat und dem Nukleationskeim/Nanodraht untersuchen und somit die Umwandlungsprozess zu Beginn des Wachstums besser verstehen. Im Hinblick auf eine Optimierung der Morphologie der Nanodrähte könnte eine tropfeninduzierte Methode eine signifikante Verbesserung durch eine homogenere Nukleation über das gesamte Loch ermöglichen. In Abb. 6.1 sind beispielhaft Ga-Tropfen auf einem prozessiertem Si-Substrat zu sehen, der die prinzipielle Machbarkeit einer durch das prozessierte Substrat vorgegebenen Tropfengröße zeigt.

Ein weiterer, nutzbarer Vorteil des selektiven Wachstums ist die Reproduzierbarkeit des Wachstums, sodass z.B. während Wachstumsunterbrechungen die Wachstumsparameter geändert und somit unabhängig von der Nukleationsphase analysiert werden können. Zusätzlich lassen sich Wachstumsunterbrechungen evtl. auch zur Unterdrückung des parasitären Wachstums auf der Maske nutzen. Falls das parasitäre Wachstum durch eine sukzessive Ansammlung von Material auf der Maske ermöglicht wird, ließe sich die Wachstumszeit des parasitären Wachstums erweitern und somit längere, selektiv gewachsene Nanodrähte realisieren. Zusätzlich können wertvolle Information über die Nukleation auf der Maske gewonnen werden.

Bezüglich der Diffusion sind noch einige Fragen offen. Zunächst einmal ist die Abhängigkeit der Diffusionslänge von den Wachstumsparametern eine sehr interessante Fragestellung, die mit dem selektiven Wachstum untersuchbar ist. Desweiteren ist auch die Abhängigkeit der Diffusion auf den Seitenfacetten von dem Lochdurchmesser noch ungeklärt und könnte interessante Rückschlüsse auf das Diffusionsverhalten geben.

Auch zu den weiteren Wachstumsmechanismen und Eigenschaften der Nanodrähte, wie z.B. der Dekomposition, Koaleszenz und der Polarität bietet das selektive Wachstum weit-

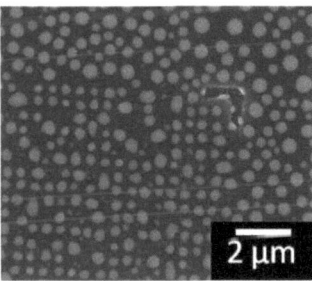

Abbildung 6.1: Darstellung eines Substrates mit geordneten Löchern, in denen Ga-Tropfen mit kontrolliertem Durchmesser deponiert wurden.

6 Zusammenfassung und Ausblick

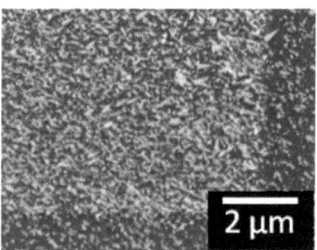

Abbildung 6.2: SEM-Aufsichtsansicht von selektiv gewachsenen InN-Nanodrähten.

reichende Möglichkeiten. Insbesondere die Dekomposition lässt sich durch die genaue Bestimmung der Abmessung der Nanodrähte vor und nach dem Dekompositionsschritt sehr viel genauer als in dieser Arbeit untersuchen und Dekompositionsraten in axialer und lateraler Richtung temperatur- und durchmesserabhängig sowohl unter Vakuumbedingungen, als auch unter Ga- und N-Einfluss, bestimmen. Die Koaleszenz könnte ebenfalls gezielt untersucht werden, indem der Abstand der Nanodrähte bei kleinen Werten variiert und die Nanodrähte gezielt koalesziert werden. Wird zusätzlich die Anzahl der koaleszierenden Nanodrähten variiert, kann gezielt die eingebaute Verspannung variiert werden.

Prinzipiell lässt sich der Ansatz für das selektive Wachstum auch auf InN-Nanodrähte übertragen, was ansatzweise in Abb. 6.2 gezeigt ist. Hier ist insbesondere durch das Fehlen der Desorption, die erst bei Substrattemperaturen auftritt, bei der die Dekomposition signifikant ist und die Kristallstruktur zerstört, eine herausfordernde Optimierung der Wachstumsparameter notwendig.

Neben der Untersuchung der Wachstumsmechanismen ermöglicht das selektive Wachstum auch Vorteile bei der Charakterisierung der Eigenschaften der Nanodrähte. Die Kontrolle des Durchmessers erlaubt die volumen- und formabhängige Analyse von einzelnen Nanodrähten ohne sie vorher vom Substrat lösen zu müssen. Insbesondere für die optischen Eigenschaften ist eine direkte Korrelation schwierig und die Emission im spektralen Bereich um 3.45 eV noch unverstanden. Auch bei Ramanuntersuchungen wirft das Auftauchen von Oberflächenphonon noch Fragen auf, die mit dem selektiven Wachstum gezielt untersucht werden können. Desweiteren ist ein Vergleich der optischen Eigenschaften für unterschiedliche Wachstumsbedingungen bei gleicher Form möglich, was sich für das nicht-selektive Wachstum nicht realisieren lässt und somit wertvolle Informationen über den Einfluss der Wachstumsbedingungen liefern kann.

Über die Variation der Abstände der Nanodrähte lassen sich interessante, optische Effekte untersuchen. Einerseits können damit photonische Strukturen erzeugt werden, die die Emssion von Licht beeinflussen können und somit neuartige Bauteile ermöglichen. Desweiteren wurde von meinem Kollegen Carsten Pfüller mittels Ramanuntersuchungen nachgewiesen, dass die Einkopplung von Licht bei Nanodrähten über die Seitenfacette geschieht. Somit ließe sich durch eine Variation der Abständen die Änderung der Ein- und Auskopplung von Licht in die und aus den Nanodrähten gezielt untersuchen.

Durch die eindeutige Identifizierbarkeit der Nanodrähte lässt sich ein einzelner, noch auf dem Substrat befindlicher Nanodraht mit vordefinierten Abmaßen mit verschiedenen nicht-zerstörerischen Methoden (SEM, PL, Röntgen) nacheinander untersuchen, und somit eine direkte Korrelationen zwischen optischen und strukturellen Eigenschaften erhalten.

Neben den reinen Fragen bezüglich der Grundlagen des Wachstums und Eigenschaften

6.2 Ausblick

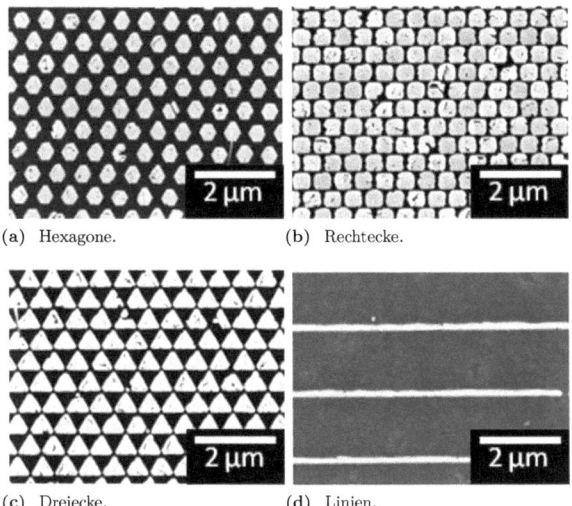

(a) Hexagone. (b) Rechtecke.

(c) Dreiecke. (d) Linien.

Abbildung 6.3: Selektiv gewachsene GaN-Nanodrähte aus unterschiedlichen Löchern.

der Nanodrähte eröffnet das selektive Wachstum verbesserte und neue Möglichkeiten für die Bauteileherstellung. Eine Besonderheit des selektiven Wachstums ist, dass für hinreichend große Lochdurchmesser der Nanodraht die Form des Loches annimmt und somit andere Nanodrahtformen möglich sind. In Abb. 6.3 sind Nanodrähte in Form von Drei- und Rechtecken, sowie das Wachstum aus Linienöffnungen in der Maske zu erkennen. Insbesondere die Linienöffnungen können für die Bauteileherstellung hilfreich sein, da sie eine dreidimensionale Struktur mit kontrollierter Verspannung, z.B. für Transistoren, ermöglichen, ohne dass diese geätzt werden müssen und vermehrt Defekte an der Oberfläche entstehen. Auch für die Sensorik ist eine Durchmesserkontrolle der Nanodrähte extrem wichtig, da mit einer Veränderung des Durchmessers die elektronischen Eigenschaften der Nanodrähte verändert wird und damit die Sensitivität beeinträchtigt werden kann.

Ein weiteres, sehr interessantes Anwendungsgebiet ist die Herstellung von Nanodraht-LEDs insbeondere mit grüner Emissionswellenlänge (siehe Abb. 6.5). Hier bieten prinzipiell die Nanodrähte den Vorteil, dass durch die induzierte Verspannung der heteroepitaktisch gewachsenen, aktiven Zone bei Schichten Versetzungen eingebaut werden, während bei Nanodrähten durch Relaxation über die Seitenfacetten die Verspannung abgebaut wird und somit die versetzungsfreie Epitaxie auch für höhere Gitterfehlanpassungen theoretisch möglich ist. Die Schwierigkeit während des Wachstums besteht nun darin, dass die Stöchiometrie an der Nanodrahtspitze nicht durch die eintreffenden Flüsse gegeben ist, da durch die Diffusion, die für In und Ga unterschiedlich ist, Austauschprozesse mit den Seitenfacetten möglich sind. Zusätzlich können die Abmaße des Nanodrahtes die induzierte Verspannung und somit die Stöchiometrie (Emissionswellenlänge) in der aktiven Zone beeinflussen. Letztendlich können für kleine Spannungen durch Inhomogenitäten der Widerstände der einzelnen Nanodrähte nur ein Teil der Nanodrähte leuchten. In Abb. 6.5 ist eine von meinen Kollegen F. Limbach, C. Hauswald und M. Wölz zur Verfügung

6 Zusammenfassung und Ausblick

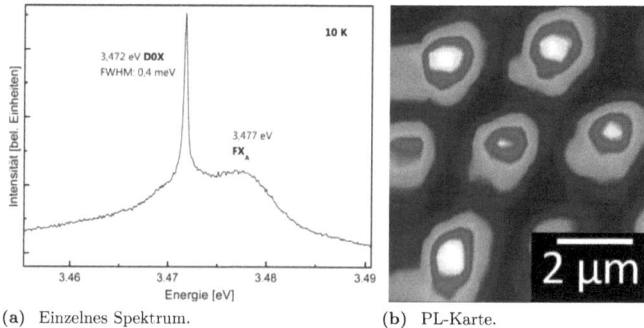

(a) Einzelnes Spektrum. (b) PL-Karte.

Abbildung 6.4: PL-Messung an selektiv gewachsenen GaN-Nanodrähten.

gestellte Mikroskopaufnahme einer Nano-LED gezeigt, die diese Probleme (verschiedene Farben sowie nur wenige Prozent aktive Nanodrähte) aufzeigen. Wird nun selektiv gewachsen, können diese Probleme umgangen werden und es sind deutliche Verbesserungen der Nanodraht-LED bezüglich der Strom-Spannungscharakteristik sowie der Farbkontrolle und -homogenität zu erwarten. Desweiteren ließe sich die monolithische Integration von Bauteilen auf Si durch die Nitride weiter vorantreiben. In Abb. 6.4b ist eine PL-Karte einer selektiv gewachsenen Probe zusehen. Wird nun jeder Nanodraht einzeln ansteuerbar und gezielt die Emissionswellenlänge für jeden Nanodraht separat eingestellt, ließe sich ein hochaufgelöstes Display mit hervorragenden optischen Eigenschaften (schmale Halbwertsbreiten, siehe Abb. 6.4a) realisieren.

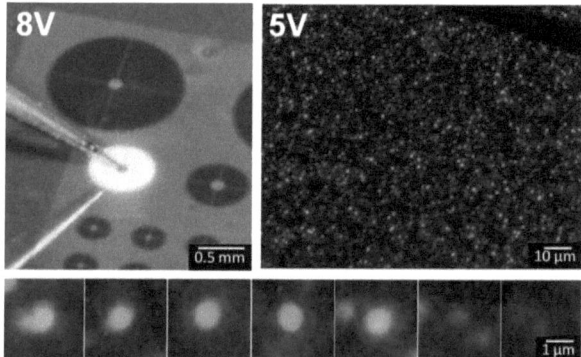

Abbildung 6.5: Nicht-selektive gewachsene Nanodraht-LED. Bereits bei einer Spannung von 8 V ist deutlich das intensive, grüne Licht zu erkennen. Bei niedrigeren Spannungen ist in der Vergrößerung deutlich die Inhomogenität in der Emissionswellenlänge und -kraft (1 % aktiv) der Nanodrähte zu erkennen. (Bilder und LED hergestellt von den Kollegen F. Limbach, M. Wölz und C. Hauswald).

Anhang A: Kalibrierung der Wachstumsparameter

Zur Kalibrierung der Ga- In- und Al-Flüsse wurden am PDI für jedes Element eine Schicht unter leicht N-reichen Bedingungen bei Substrattemperaturen, bei denen keine signifikante Desorption vorhanden ist, gewachsen. Dadurch ist sichergestellt, dass das gesamte auftreffende Material eingebaut wird, und die Schichtdicke im Nachhinein gemessen werden kann. Dadurch lässt sich die Wachstumsrate systemunabhängig in nm/min angeben. Zur Kalibrierung der N-Rate wurde äquivalent zur vorigen Kalibrierung der Metallflüsse eine GaN-Schicht unter Ga-reichen Bedingungen gewachsen. Die Substrattemperatur wurde *in situ* mittels eines Infrarotpyrometers überprüft. Für die Mg- und Si-Zelle wird als Umrechnung ein proportionales Verhalten der Umrechnung von äquivalenten Strahldruckwerten (beam equivalent pressure (BEP)) in nm/min äquivalent zu dem Ga-Fluss genutzt, da die emittierenden Raten dieser Zellen sehr viel kleiner sind als bei den Gruppe-III-Flüssen und dementsprechend eine Kalibrierschicht nicht möglich ist. Auch dies ist nur eine Näherung, da die BEP-Sensitivität von dem Material abhängen kann. Da die Kalibrierung über das Schichtwachstum relativ neu ist, existieren zu den Daten vom FZ Jülich lediglich BEP-Werte. Im Folgenden wird eine Umrechnung der BEP-Werte in nm/min angegeben. Es ist dabei anzumerken, dass die Umrechnung nicht exakt sein kann und in erster Linie angewandt wird, um die Kontinuität der Arbeit zu erhalten.

BEP-Werte sind im Allgemeinen zwischen verschiedenen Systemen nicht vergleichbar, da sie unter anderem durch die Geometrie der Zellen (Abstand, Winkel, etc.) abhängig sind. Desweiteren wurden keine Schichten am FZ-Jülich gewachsen, sodass lediglich der strukturelle Vergleich zwischen Nanodraht-Proben möglich ist. Da die Abmaße (Länge und Durchmesser) sowie die Dichte der Nanodrähte sowohl von der Substrattemperatur, als auch von dem Metall- und N-Fluss abhängt, lässt sich auch nicht direkt aus diesen Werten ein quantifizierter Wert der Flüsse angeben. Wie in Abschnitt 5.2.2 gezeigt wird, ist das selektive Wachstum von GaN Nanodrähten zu Beginn N-limitiert, während sie für längere Wachstumszeiten Ga-limitiert sind. Daraus lässt sich sowohl für den Ga-Fluss, als auch den N-Fluss eine grobe Abschätzung erhalten. Für den Ga-limitierten Bereich kann anhand des Vergleiches von Proben mit $t_{Wac} = 2$ und 4 h für die Proben am PDI (7 nm/min) und Jülich (5 nm/min) die Ga-Rate am FZ Jülich auf ca. 2 nm/min abgeschätzt werden. Unter der Annahme, dass die Diffusionslänge in der gleichen Größenordnung ist, ergibt sich für den N-limitierten Bereich ein N-Fluss von 18 nm/min. Für den In-Fluss ist die Bestimmung ungenauer, da das Wachstum weniger verstanden ist, sodass lediglich die Morphologie zwischen zwei Proben verglichen werden kann. Die Kalibrierung der Al-Rate ist dagegen exakt möglich, da AlN-Schichten gewachsen wurden und deren Dicke bestimmt werden kann.

In Tabelle 1 sind die Umrechnungen der einzelnen Flüsse angegeben. Da eine Änderung des BEP-Wertes proportional mit dem nm/min-Wert skaliert, lässt sich an Hand der gegebenen Tabelle die in dieser Arbeit genutzten nm/min-Werte in die originalen BEP-Werte zurückrechnen.

Anhang A: Kalibrierung der Wachstumsparameter

	FZ Jülich		PDI Berlin	
Element	mbar BEP	nm/min	mbar BEP	nm/min
Ga	$1.2 \cdot 10^{-7}$	3	$7 \cdot 10^{-7}$	3
N	$1.2 \cdot 10^{-5}$	18	$1.2 \cdot 10^{-5}$	13
In	$0.4 \cdot 10^{-7}$	2	$3.3 \cdot 10^{-7}$	2
Al	$1.2 \cdot 10^{-7}$	4	$3.7 \cdot 10^{-7}$	4

Tabelle 1: Umrechnung der BEP- in nm/min-Werte.

Literaturverzeichnis

[1] GOREN-INBAR, N. ; ALPERSON, N. ; KISLEV, M. E. ; SIMCHONI, O. ; MELAMED, Y. ; BEN-NUN, A. ; WERKER, E.: Evidence of Hominin Control of Fire at Gesher Benot Ya'aqov, Israel. In: *Science* 304 (2004), Nr. 5671, S. 725–727

[2] http://osram.de/osram_de/Tools_%26_Services/Training_%26_Wissen/Webbased_Training/ptp_de/PTP_Popup.jsp

[3] ZHELUDEV, N.: The life and times of the LED: a 100-year history. In: *Nature Photonics* 1 (2008), S. 189

[4] http://web.mit.edu/invent/a-winners/a-holonyak.html

[5] HELD, G.: *Introduction to Light Emitting Diode Technology and Applications*. Auerbach Publications, 2009

[6] TAKAHASHI, K. ; YOSHIKAWA, A. ; SANDHU, A.: *Wide Bandgap Semiconductors*. Springer Berlin / Heidelberg, 2007

[7] WU, J.: When group-III nitrides go infrared: New properties and perspectives. In: *Journal of Applied Physics* 106 (2009), Nr. 1, S. 011101. – ISSN 00218979

[8] STRITE, S. ; MORKOC, H.: GaN, AlN, and InN: A review. 10 (1992), Nr. 4, S. 1237–1266. – ISSN 0734211X

[9] JAIN, S. C. ; WILLANDER, M. ; NARAYAN, J. ; OVERSTRAETEN, R. V.: III–nitrides: Growth, characterization, and properties. 87 (2000), Nr. 3, S. 965–1006. – ISSN 00218979

[10] IBACH, H. ; LÜTH, H.: Solid State Physics. In: *(Springer Verlag)* (2003)

[11] FERNANDEZ-GARRIDO, S. ; KOBLMÜLLER, G. ; CALLEJA, E. ; SPECK, J. S.: In situ GaN decomposition analysis by quadrupole mass spectrometry and reflection high-energy electron diffraction. In: *Journal of Applied Physics* 104 (2008), Nr. 3, S. 033541. – ISSN 00218979

[12] FAN, Z.Y. ; NEWMAN, N.: Experimental determination of the rates of decomposition and cation desorption from AlN surfaces. In: *Materials Science and Engineering: B* 87 (2001), Nr. 3, S. 244 – 248. – ISSN 0921–5107

[13] POLYAKOV, V. M. , SCHWIERZ, F.: Low-field electron mobility in wurtzite InN. 88 (2006), Nr. 3, S. 032101. – ISSN 00036951

[14] CUSCÓ, R. ; IBÁÑEZ, J. ; ALARCÓN-LLADÓ, E. ; ARTÚS, L. ; YAMAGUCHI, T. ; NANISHI, Y.: Raman scattering study of the long-wavelength longitudinal-optical-phonon–plasmon coupled modes in high-mobility InN layers. In: *Phys. Rev. B* 79 (2009), Apr, S. 155210

Literaturverzeichnis

[15] MORKOC, H.: *Handbook of Nitride Semiconductors and Devices*. Bd. Vol. 1: Materials Properties, Physics and Growth. Wiley-VCH Verlag GmbH & Co. KGaA, 2008

[16] OKUMURA, H.: Present Status and Future Prospect of Widegap Semiconductor High-Power Devices. In: *Japanese Journal of Applied Physics* 45 (2006), Nr. 10A, S. 7565–7586

[17] HIMPSEL, F. J. ; HOLLINGER, G. ; POLLAK, R. A.: Determination of the Fermi-level pinning position at Si(111) surfaces. In: *Phys. Rev. B* 28 (1983), Dec, S. 7014–7018

[18] MAHBOOB, I. ; VEAL, T. D. ; MCCONVILLE, C. F. ; LU, H. ; SCHAFF, W. J.: Intrinsic Electron Accumulation at Clean InN Surfaces. In: *Phys. Rev. Lett.* 92 (2004), Jan, S. 036804

[19] HASHIZUME, T. ; OOTOMO, S. ; OYAMA, S. ; KONISHI, M. ; HASEGAWA, H.: Chemistry and electrical properties of surfaces of GaN and GaN/AlGaN heterostructures. In: *Journal of Vacuum Science and Technology B* 19 (2001), Nr. 4, S. 1675–1681. – ISSN 0734211X

[20] LU, H. ; SCHAFF, W. J. ; EASTMAN, L. F.: Surface chemical modification of InN for sensor applications. 96 (2004), Nr. 6, S. 3577–3579. – ISSN 00218979

[21] LUTHER, B.P ; WOLTER, S.D ; MOHNEY, S.E: High temperature Pt Schottky diode gas sensors on n-type GaN. In: *Sensors and Actuators B: Chemical* 56 (1999), Nr. 1-2, S. 164 – 168. – ISSN 0925-4005

[22] LAW, M. ; GOLDBERGER, J. ; YANG, P. D.: Semiconductor nanowires and nanotubes. In: *ANNUAL REVIEW OF MATERIALS RESEARCH* 34 (2004), S. 83–122

[23] HARUI, S. ; TAMIYA, H. ; AKAGI, T. ; MIYAKE, H. ; HIRAMATSU, K. ; ARAKI, T. ; NANISHI, Y.: Transmission Electron Microscopy Characterization of Position-Controlled InN Nanocolumns. In: *Japanese Journal of Applied Physics* 47 (2008), Nr. 7, S. 5330–5332

[24] CONSONNI, V. ; KNELANGEN, M. ; GEELHAAR, L. ; TRAMPERT, A. ; RIECHERT, H.: Nucleation mechanisms of epitaxial GaN nanowires: Origin of their self-induced formation and initial radius. In: *Phys. Rev. B* 81 (2010), Feb, S. 085310

[25] RISTIĆ, J. ; CALLEJA, E. ; TRAMPERT, A. ; FERNANDEZ-GARRIDO, S. ; RIVERA, C. ; JAHN, U. ; PLOOG, K. H.: Columnar AlGaN/GaN Nanocavities with AlN/GaN Bragg Reflectors Grown by Molecular Beam Epitaxy on Si(111). In: *Phys. Rev. Lett.* 94 (2005), Apr, S. 146102

[26] AGARWAL, R. ; LIEBER, C. M.: Semiconductor nanowires: optics and optoelectronics. In: *Applied Physics A: Materials Science & Processing* 85 (2006), S. 209–215. – ISSN 0947-8396

[27] CUI, Y. ; WEI, Q. ; PARK, H. ; LIEBER, C. M.: Nanowire Nanosensors for Highly Sensitive and Selective Detection of Biological and Chemical Species. In: *Science* 293 (2001), Nr. 5533, S. 1289–1292

[28] PFÜLLER, C.: *Optical properties of single semiconductor nanowires and nanowire ensembles*, HU Berlin, Diss., 2011

Literaturverzeichnis

[29] DEGUCHI, T. ; SEKIGUCHI, K. ; NAKAMURA, A. ; SOTA, T. ; MATSUO, R. ; CHICHIBU, S. ; NAKAMURA, S.: Quantum-Confined Stark Effect in an AlGaN/GaN/AlGaN Single Quantum Well Structure. In: *Japanese Journal of Applied Physics* 38 (1999), Nr. Part 2, No. 8B, S. L914–L916

[30] CRAVEN, M. D. ; LIM, S. H. ; WU, F. ; SPECK, J. S. ; DENBAARS, S. P.: Structural characterization of nonpolar (110) a-plane GaN thin films grown on (102) r-plane sapphire. 81 (2002), Nr. 3, S. 469–471. – ISSN 00036951

[31] WALTEREIT, P. ; BRANDT, O. ; RAMSTEINER, M. ; UECKER, R. ; REICHE, P. ; PLOOG, K. H.: Growth of M-plane GaN($1\bar{1}00$) on LiAlO2(100). In: *Journal of Crystal Growth* 218 (2000), Nr. 2-4, S. 143 – 147. – ISSN 0022–0248

[32] SCHMIDT, M. C. ; KIM, K.-C. ; SATO, H. ; FELLOWS, N. ; MASUI, H. ; NAKAMURA, S. ; DENBAARS, S. P. ; SPECK, J. S.: High Power and High External Efficiency m-Plane InGaN Light Emitting Diodes. In: *Japanese Journal of Applied Physics* 46 (2007), Nr. 7, S. L126–L128

[33] HERMAN, M.A. ; SITTER, H. ; GONSER, U. (Hrsg.) ; OSGOOD, R. M. (Hrsg.) ; PANISH, M.B. (Hrsg.) ; SAKAKI, H. (Hrsg.): *Molecular Beam Epitaxy*. Springer Verlag, 1996

[34] PARKER, E. H. C.: *The Technology and Physics of Molecular Beam Epitaxy*. Plenum Press, 1985

[35] ARTHUR JR., J R.: Interaction of Ga and As$_2$ Molecular Beams with GaAs Surfaces. In: *J. Appl. Phys.* 39 (1968), S. 4032

[36] KOBLMÜLLER, G. ; PONGRATZ, P. ; AVERBECK, R. ; RIECHERT, H.: Delayed nucleation during molecular-beam epitaxial growth of GaN observed by line-of-sight quadrupole mass spectrometry. In: *Appl. Phys. Lett.* 80 (2002), S. 2281

[37] REIMER, L.: *Scanning Electron Microscopy*. Springer Verlag, 1999

[38] WILLIAMS, D. B. ; CARTER, C. B.: *Transmission electron microscopy*. Plenum Press, 1996

[39] MORKOC, H.: *Handbook of Nitride Semiconductors and Devices*. Wiley-VCH Verlag GmbH & Co. KGaA, 2008

[40] YU, P. Y. ; CARDONA, M.: *Fundamentals of Semiconductors - Physics and Materials Properties*. Springer Verlag, 2001

[41] CULLITY, B. D. ; STOCK, S. R.: *Elements of X-Ray Diffraction*. Prentice Hall, 2001

[42] S. M. SZE, K. N. K.: *Physics of Semiconductor Devices*. Wiley-VCH Verlag GmbH & Co. KGaA, 2006

[43] MEIJERS, R.J.: *Growth and Characterisation of Group-III Nitride-based Nanowires for Devices*, Rheinisch-Westfälische Technische Hochschule Aachen, Diss., 2007

[44] CHEZE, C.: *Investigation and comparison of GaN nanowire nucleation and growth by the catalyst-assisted and self-induced approaches*, HU Berlin, Diss., 2010

Literaturverzeichnis

[45] CALLEJA, E. ; SANCHEZ-GARCIA, M. A. ; SANCHEZ, F. J. ; CALLE, F. ; NARANJO, F. B. ; MUNOZ, E. ; JAHN, U. ; PLOOG, K.: Luminescence properties and defects in GaN nanocolumns grown by molecular beam epitaxy. In: *Phys. Rev. B* 62 (2000), Dec, S. 16826–16834

[46] KIM, Y.H. ; LEE, J.Y. ; LEE, S.-H. ; OH, J.-E. ; LEE, H.S.: Synthesis of aligned GaN nanorods on Si(111) by molecular beam epitaxy. In: *Applied Physics A: Materials Science & Processing* 80 (2005), S. 1635–1639. – ISSN 0947–8396

[47] RISTIĆ, J. ; CALLEJA, E. ; FERNÁNDEZ-GARRIDO, S. ; CERUTTI, L. ; TRAMPERT, A. ; JAHN, U. ; PLOOG, K. H.: On the mechanisms of spontaneous growth of III-nitride nanocolumns by plasma-assisted molecular beam epitaxy. In: *J. Cryst. Growth* 310 (2008), S. 4035

[48] STOICA, T. ; SUTTER, E. ; MEIJERS, R. J. ; DEBNATH, R. K. ; CALARCO, R. ; LÜTH, H. ; GRÜTZMACHER, D.: Interface and Wetting Layer Effect on the Catalyst-Free Nucleation and Growth of GaN Nanowires. In: *Small* 4 (2008), Nr. 6, S. 751–754. – ISSN 1613–6829

[49] CHEZE, C. ; GEELHAAR, L. ; TRAMPERT, A. ; RIECHERT, H.: In situ investigation of self-induced GaN nanowire nucleation on Si. 97 (2010), Nr. 4, S. 043101. – ISSN 00036951

[50] CONSONNI, V. ; HANKE, M. ; KNELANGEN, M. ; GEELHAAR, L. ; TRAMPERT, A. ; RIECHERT, H.: Nucleation mechanisms of self-induced GaN nanowires grown on an amorphous interlayer. In: *Phys. Rev. B* 83 (2011), Jan, S. 035310

[51] FURTMAYR, F. ; VIELEMEYER, M. ; STUTZMANN, M. ; ARBIOL, J. ; ESTRADÉ, S. ; PEIRÒ, F. ; MORANTE, J. R. ; EICKHOFF, M.: Nucleation and growth of GaN nanorods on Si(111) surfaces by plasma-assisted molecular beam epitaxy - The influence of Si- and Mg-doping. In: *J. Appl. Phys.* 104 (2008), S. 034309

[52] CALARCO, R. ; MEIJERS, R. J. ; DEBNATH, R. K. ; STOICA, T. ; SUTTER, E. ; LÜTH, H.: Nucleation and Growth of GaN Nanowires on Si(111) Performed by Molecular Beam Epitaxy. In: *Nano Letters* 7 (2007), Nr. 8, S. 2248–2251

[53] TCHERNYCHEVA, M. ; SARTEL, C. ; CIRCLIN, G. ; TRAVERS, L. ; PATRIARCHE, G. ; HARMAND, J. C. ; DANG, L. S. ; RENARD, J. ; GAYRAL, B. ; NEVOU, L. ; JULIEN, F.: Growth of GaN free-standing nanowires by plasma-assisted molecular beam epitaxy: structural and optical characterization. In: *Nanotechnology* 18 (2008), S. 385306

[54] SANCHEZ-GARCIA, M.A. ; CALLEJA, E. ; MONROY, E. ; SANCHEZ, F.J. ; CALLE, F. ; MUOZ, E. ; BERESFORD, R.: The effect of the III/V ratio and substrate temperature on the morphology and properties of GaN- and AlN-layers grown by molecular beam epitaxy on Si(1 1 1). In: *Journal of Crystal Growth* 183 (1998), Nr. 1-2, S. 23 – 30. – ISSN 0022–0248

[55] SONGMUANG, R. ; LANDRÉ, O. ; DAUDIN, B.: From nucleation to growth of catalyst-free GaN nanowires on thin AlN buffer layer. In: *Appl. Phys. Lett.* 91 (2007), S. 251902

[56] LANDRE, O. ; BOUGEROL, C. ; RENEVIER, H. ; DAUDIN, B.: Nucleation mechanism of GaN nanowires grown on (111) Si by molecular beam epitaxy. In: *Nanotechnology* 20 (2009), Nr. 41, S. 415602

[57] BERTNESS, K. A. ; ROSHKO, A. ; MANSFIELD, L. M. ; HARVEY, T. E. ; SANFORD, N. A.: Mechanism for spontaneous growth of GaN nanowires with molecular beam epitaxy. In: *J. Cryst. Growth* 310 (2008), S. 3154

[58] CONSONNI, V. ; TRAMPERT, A. ; GEELHAAR, L. ; RIECHERT, H.: Physical origin of the incubation time of self-induced GaN nanowires. In: *Applied Physics Letters* 99 (2011), Nr. 3, S. 033102. – ISSN 00036951

[59] KNELANGEN, M. ; CONSONNI, V. ; TRAMPERT, A. ; RIECHERT, H.: In situ analysis of strain relaxation during catalyst-free nucleation and growth of GaN nanowires. In: *Nanotechnology* 21 (2010), Nr. 24, S. 245705

[60] SMITH, A. R. ; FEENSTRA, R. M. ; GREVE, D. W. ; SHIN, M. S. ; SKOWRONSKI, M. ; NEUGEBAUER, J. ; NORTHRUP, J. E.: Reconstructions of GaN(0001) and (0001) surfaces: Ga-rich metallic structures. In: *Journal of Vacuum Science and Technology B* 16 (1998), Nr. 4, S. 2242–2249. – ISSN 0734211X

[61] NORTHRUP, J. E. ; NEUGEBAUER, J. ; FEENSTRA, R. M. ; SMITH, A. R.: Structure of GaN(0001): The laterally contracted Ga bilayer model. In: *Phys. Rev. B* 61 (2000), Apr, S. 9932–9935

[62] MULA, G. ; ADELMANN, C. ; MOEHL, S. ; OULLIER, J. ; DAUDIN, B.: Surfactant effect of gallium during molecular-beam epitaxy of GaN on AlN (0001). In: *Phys. Rev. B* 64 (2001), Oct, S. 195406

[63] ADELMANN, C. ; BRAULT, J. ; MULA, G. ; DAUDIN, B. ; LYMPERAKIS, L. ; NEUGEBAUER, J.: Gallium adsorption on (0001) GaN surfaces. In: *Phys. Rev. B* 67 (2003), Apr, S. 165419

[64] BRANDT, O. ; SUN, Y. J. ; DÄWERITZ, L. ; PLOOG, K. H.: Ga adsorption and desorption kinetics on M-plane GaN. In: *Phys. Rev. B* 69 (2004), Apr, S. 165326

[65] CHOI, S. ; KIM, T.-H. ; EVERITT, H. O. ; BROWN, A. ; LOSURDO, M. ; BRUNO, G. ; MOTO, A.: Kinetics of gallium adlayer adsorption/desorption on polar and nonpolar GaN surfaces. 25 (2007), Nr. 3, S. 969–973. – ISSN 10711023

[66] DEBNATH, R. K. ; MEIJERS, R. ; RICHTER, T. ; STOICA, T. ; CALARCO, R. ; LÜTH, H.: Mechanism of molecular beam epitaxy growth of GaN nanowires on Si(111). In: *Appl. Phys. Lett.* 90 (2007), S. 123117

[67] BERTNESS, K. A. ; ROSHKO, A. ; SANFORD, N. A. ; BARKER, J. M. ; DAVIDOV, A. V.: Spontaneously grown GaN and AlGaN nanowires. In: *J. Cryst. Growth* 287 (2006), S. 522

[68] SAWICKA, M. ; TURSKI, H. ; SIEKACZ, M. ; SMALC-KOZIOROWSKA, J. ; KRYSKO, M. ; DZIECIELEWSKI, I. ; GRZEGORY, I. ; SKIERBISZEWSKI, C.: Step-flow anisotropy of the m-plane GaN ($1\bar{1}00$) grown under nitrogen-rich conditions by plasma-assisted molecular beam epitaxy. In: *Phys. Rev. B* 83 (2011), Jun, S. 245434

Literaturverzeichnis

[69] ZYWIETZ, T. ; NEUGEBAUER, J. ; SCHEFFLER, M.: Adatom diffusion at GaN (0001) and (000(1)over-bar) surfaces. In: *Appl. Phys. Lett.* 73 (1998), S. 487

[70] LYMPERAKIS, L. ; NEUGEBAUER, J.: Large anisotropic adatom kinetics on nonpolar GaN surfaces: Consequences for surface morphologies and nanowire growth. In: *Phys. Rev. B* 79 (2009), Jun, Nr. 24, S. 241308

[71] NEUGEBAUER, J. ; ZYWIETZ, T. K. ; SCHEFFLER, M. ; NORTHRUP, J. E. ; CHEN, H. ; FEENSTRA, R. M.: Adatom Kinetics On and Below the Surface: The Existence of a New Diffusion Channel. In: *Phys. Rev. Lett.* 90 (2003), Feb, S. 056101

[72] GUHA, S. ; BOJARCZUK, N. A. ; KISKER, D. W.: Surface lifetimes of Ga and growth behavior on GaN (0001) surfaces during molecular beam epitaxy. In: *Appl. Phys. Lett.* 69 (1996), Nr. 19, S. 2879–2881. – ISSN 00036951

[73] KIM, B.-J. ; STACH, E. A.: Desorption induced formation of negative nanowires in GaN. In: *Journal of Crystal Growth* 324 (2011), Nr. 1, S. 119 – 123. – ISSN 0022-0248

[74] YAN, P. ; QIN, D. ; AN, Y. K. ; LI, G. Z. ; XING, J. ; LIU, J. J.: In situ synthesis and characterization of GaN nanorods through thermal decomposition of pre-grown GaN films. In: *Nanotechnology* 19 (2008), Nr. 2, S. 025605

[75] SHEN, X. Q. ; IDE, T. ; CHO, S. H. ; SHIMIZU, M. ; HARA, S. ; OKUMURA, H.: Stability of N- and Ga-polarity GaN surfaces during the growth interruption studied by reflection high-energy electron diffraction. In: *Applied Physics Letters* 77 (2000), Nr. 24, S. 4013–4015. – ISSN 00036951

[76] ROUVIERE, J.-L. ; BOUGEROL, C. ; AMSTATT, B. ; BELLET-ALMARIC, E. ; DAUDIN, B.: Measuring local lattice polarity in AlN and GaN by high resolution Z-contrast imaging: The case of (0001) and (100) GaN quantum dots. In: *Applied Physics Letters* 92 (2008), Nr. 20, S. 201904. – ISSN 00036951

[77] CHERNS, D. ; MESHI, L. ; GRIFFITHS, I. ; KHONGPHETSAK, S. ; NOVIKOV, S. V. ; FARLEY, N. ; CAMPION, R. P. ; FOXON, C. T.: Defect reduction in GaN/(0001)sapphire films grown by molecular beam epitaxy using nanocolumn intermediate layers. 92 (2008), Nr. 12, S. 121902. – ISSN 00036951

[78] BRUBAKER, M. D. ; LEVIN, I. ; DAVYDOV, A. V. ; ROURKE, D. M. ; SANFORD, N. A. ; BRIGHT, V. M. ; BERTNESS, K. A.: Effect of AlN buffer layer properties on the morphology and polarity of GaN nanowires grown by molecular beam epitaxy. In: *J. Appl. Phys.* 110 (2011), Nr. 5, S. 053506. – ISSN 00218979

[79] CONSONNI, V. ; KNELANGEN, M. ; JAHN, U. ; TRAMPERT, A. ; GEELHAAR, L. ; RIECHERT, H.: Effects of nanowire coalescence on their structural and optical properties on a local scale. In: *Applied Physics Letters* 95 (2009), Nr. 24, S. 241910. – ISSN 00036951

[80] JENICHEN, B. ; BRANDT, O. ; PFÜLLER, C. ; DOGAN, P. ; KNELANGEN, M. ; TRAMPERT, A.: Macro- and micro-strain in GaN nanowires on Si(111). In: *Nanotechnology* 22 (2011), Nr. 29, S. 295714

Literaturverzeichnis

[81] DOGAN, P. ; BRANDT, O. ; PFÜLLER, C. ; BLUHM, A.-K. ; GEELHAAR, L. ; RIECHERT, H.: GaN nanowire templates for the pendeoepitaxial coalescence overgrowth on Si(111) by molecular beam epitaxy. In: *Journal of Crystal Growth* 323 (2011), Nr. 1, S. 418 – 421. – ISSN 0022–0248

[82] MEIJERS, R. ; RICHTER, T. ; CALARCO, R. ; STOICA, T. ; BOCHEM, H.-P. ; MARSO, M. ; LÜTH, H.: GaN-nanowhiskers: MBE-growth conditions and optical properties. In: *Journal of Crystal Growth* 289 (2006), Nr. 1, S. 381 – 386. – ISSN 0022–0248

[83] CONSONNI, V. ; KNELANGEN, M. ; TRAMPERT, A. ; GEELHAAR, L. ; RIECHERT, H.: Nucleation and coalescence effects on the density of self-induced GaN nanowires grown by molecular beam epitaxy. In: *Applied Physics Letters* 98 (2011), Nr. 7, S. 071913. – ISSN 00036951

[84] FOXON, C.T. ; NOVIKOV, S.V. ; HALL, J.L. ; CAMPION, R.P. ; CHERNS, D. ; GRIFFITHS, I. ; KHONGPHETSAK, S.: A complementary geometric model for the growth of GaN nanocolumns prepared by plasma-assisted molecular beam epitaxy. In: *Journal of Crystal Growth* 311 (2009), Nr. 13, S. 3423 – 3427. – ISSN 0022–0248

[85] MORKOC, H.: *Handbook of Nitride Semiconductors and Devices.* Bd. Vol. 3: GaN-based Optical and Electronic Devices. Wiley-VCH Verlag GmbH & Co. KGaA, 2008

[86] PEARTON, S. J. ; ABERNATHY, C. R. ; REN, F. ; DERBY, B. (Hrsg.): *Gallium Nitride Processing for Electronics, Sensors and Spintronics.* Springer Verlag, 2006

[87] GIBBONS, J. F.: Ion implantation in semiconductors, Part II: Damage production and annealing. In: *Proceedings of the IEEE* 60 (1972), S. 1062–1096

[88] KOIDE, N. ; KATO, H. ; SASSA, M. ; YAMASAKI, S. ; MANABE, K. ; HASHIMOTO, M. ; AMANO, H. ; HIRAMATSU, K. ; AKASAKI, I.: Doping of GaN with Si and properties of blue m/i/n/n+ GaN LED with Si-doped n+-layer by MOVPE. In: *Journal of Crystal Growth* 115 (1991), S. 639 – 642. – ISSN 0022–0248

[89] NAKAMURA, S. ; MUKAI, T. ; SENOH, M.: Si- and Ge-Doped GaN Films Grown with GaN Buffer Layers. In: *Japanese Journal of Applied Physics* 31 (1992), Nr. Part 1, No. 9A, S. 2883–2888

[90] YI, G.-C. ; WESSELS, B. W.: Compensation of n-type GaN. In: *Applied Physics Letters* 69 (1996), Nr. 20, S. 3028–3030

[91] AMANO, H. ; KITO, M. ; HIRAMATSU, K. ; AKASAKI, I.: P-Type Conduction in Mg-Doped GaN Treated with Low-Energy Electron Beam Irradiation (LEEBI). In: *Japanese Journal of Applied Physics* 28 (1989), Nr. Part 2, No. 12, S. L2112–L2114

[92] RONNING, C. ; CARLSON, E. P. ; THOMSON, D. B. ; DAVIS, R. F.: Optical activation of Be implanted into GaN. In: *Applied Physics Letters* 73 (1998), Nr. 12, S. 1622–1624

[93] RESHCHIKOV, M. A. ; MORKOC, H.: Luminescence properties of defects in GaN. 97 (2005), Nr. 6, S. 061301. – ISSN 00218979

[94] NEUGEBAUER, J. ; WALLE, C. G. V.: Chemical trends for acceptor impurities in GaN. In: *Journal of Applied Physics* 85 (1999), Nr. 5, S. 3003–3005

Literaturverzeichnis

[95] CALARCO, R. ; MARSO, M.: GaN and InN nanowires grown by MBE: A comparison. In: *Applied Physics A: Materials Science & Processing* 87 (2007), S. 499–503. – ISSN 0947–8396

[96] CALARCO, R. ; MARSO, M. ; RICHTER, T. ; AYKANAT, A. I. ; MEIJERS, R. ; HART, A. v.d. ; STOICA, T. ; LÜTH, Hans: Size-dependent Photoconductivity in MBE-Grown GaN-Nanowires. In: *Nano Letters* 5 (2005), Nr. 5, S. 981–984

[97] MILLER, N. ; AGER, J. W. ; III ; SMITH, H. M. ; III ; MAYER, M. A. ; YU, K. M. ; HALLER, E. E. ; WALUKIEWICZ, W. ; SCHAFF, W. J. ; GALLINAT, C. ; KOBLMULLER, G. ; SPECK, J. S.: Hole transport and photoluminescence in Mg-doped InN. In: *Journal of Applied Physics* 107 (2010), Nr. 11, S. 113712

[98] YOSHIKAWA, A. ; WANG, X. ; ISHITANI, Y. ; UEDONO, A.: Recent advances and challenges for successful p-type control of InN films with Mg acceptor doping by molecular beam epitaxy. In: *physica status solidi (a)* 207 (2010), Nr. 5, S. 1011–1023

[99] WANG, K. ; MILLER, N. ; IWAMOTO, R. ; YAMAGUCHI, T. ; MAYER, M. A. ; ARAKI, T. ; NANISHI, Y. ; YU, K. M. ; HALLER, E. E. ; WALUKIEWICZ, W. ; AGER, J. W. ; III: Mg doped InN and confirmation of free holes in InN. In: *Applied Physics Letters* 98 (2011), Nr. 4, S. 042104

[100] MAMADOU, D. ; CHRISTOPHE, D. ; YANN-MICHEL, N. ; GUY, A.: Screening and polaronic effects induced by a metallic gate and a surrounding oxide on donor and acceptor impurities in silicon nanowires. 103 (2008), Nr. 7, S. 073703. – ISSN 00218979

[101] BJORK, M. T. ; SCHMID, H. ; KNOCH, J. ; RIEL, H. ; RIESS, W.: Donor deactivation in silicon nanostructures. In: *NATURE NANOTECHNOLOGY* 4 (2009), FEB, Nr. 2, S. 103–107

[102] ERWIN, S. C. ; ZU, L. J. ; HAFTEL, M. I. ; EFROS, A. L. ; KENNEDY, T. A. ; NORRIS, D. J.: Doping semiconductor nanocrystals. In: *NATURE* 436 (2005), JUL 7, Nr. 7047, S. 91–94

[103] DALPIAN, G. M. ; CHELIKOWSKY, J. R.: Self-Purification in Semiconductor Nanocrystals. In: *Phys. Rev. Lett.* 96 (2006), Jun, S. 226802

[104] GREEN, D. S. ; HAUS, E. ; WU, F. ; CHEN, L. ; MISHRA, U. K. ; SPECK, J. S.: Polarity control during molecular beam epitaxy growth of Mg-doped GaN, AVS, 2003, S. 1804–1811

[105] MONROY, E. ; ANDREEV, T. ; HOLLIGER, P. ; BELLET-AMALRIC, E. ; SHIBATA, T. ; TANAKA, M. ; DAUDIN, B.: Modification of GaN(0001) growth kinetics by Mg doping. In: *Applied Physics Letters* 84 (2004), Nr. 14, S. 2554–2556

[106] LIMBACH, F.: *Steps towards a GaN nanowire based light emitting diode*, Humboldt University Berlin / Paul Drude Institut Berlin, Diss., 2012

[107] LIMBACH, F. ; SCHAEFER-NOLTE, E. O. ; CATERINO, R. ; GOTSCHKE, T. ; STOICA, T. ; SUTTER, E. ; CALARCO, R.: Morphology and optical properties of Mg doped GaN nanowires in dependence of growth temperature. In: *JOURNAL OF OPTO-ELECTRONICS AND ADVANCED MATERIALS* 12 (2010), S. 1433–1437. – ISSN 1454–4164

[108] SONG, H. ; YANG, A. ; ZHANG, R. ; GUO, Y. ; WEI, H. ; ZHENG, G. ; YANG, S. ; LIU, X. ; ZHU, Q. ; WANG, Z.: Well-Aligned Zn-Doped InN Nanorods Grown by Metal-Organic Chemical Vapor Deposition and the Dopant Distribution. In: *Crystal Growth & Design* 9 (2009), S. 3292–3295

[109] RICHTER, T. ; LÜTH, H. ; SCHÄPERS, T. ; MEIJERS, R. ; JEGANATHAN, K. ; HERNANDEZ, S. E. ; CALARCO, R. ; MARSO, M.: Electrical transport properties of single undoped and n-type doped InN nanowires. In: *Nanotechnology* 20 (2009), Nr. 40, S. 405206

[110] SHEN, C.-H. ; CHEN, H.-Y. ; LIN, H.-W. ; GWO, S. ; KLOCHIKHIN, A. A. ; DAVYDOV, V. Y.: Near-infrared photoluminescence from vertical InN nanorod arrays grown on silicon: Effects of surface electron accumulation layer. In: *Applied Physics Letters* 88 (2006), Nr. 25, S. 253104

[111] CALLEJA, E. ; GRANDAL, J. ; SANCHEZ-GARCIA, M. A. ; NIEBELSCHUTZ, M. ; CIMALLA, V. ; AMBACHER, O.: Evidence of electron accumulation at nonpolar surfaces of InN nanocolumns. In: *Applied Physics Letters* 90 (2007), Nr. 26, S. 262110

[112] HIGASHIWAKI, M. ; INUSHIMA, T. ; MATSUI, T.: Control of electron density in InN by Si doping and optical properties of Si-doped InN. In: *physica status solidi (b)* 240 (2003), Nr. 2, S. 417–420. – ISSN 1521–3951

[113] STOICA, T. ; MEIJERS, R. ; CALARCO, R. ; RICHTER, T. ; LÜTH, H.: MBE growth optimization of InN nanowires. In: *Journal of Crystal Growth* 290 (2006), Nr. 1, S. 241 – 247. – ISSN 0022–0248

[114] DENKER, C. ; M., J. ; WERNER, F. ; LIMBACH, F. ; SCHUHMANN, H. ; NIERMANN, T. ; SEIBT, M. ; RIZZI, A.: Self-organized growth of InN-nanocolumns on p-Si(111) by MBE. In: *physica status solidi (c)* 5 (2008), Nr. 6, S. 1706–1708. – ISSN 1610–1642

[115] STOICA, T. ; MEIJERS, R. J. ; CALARCO, R. ; RICHTER, T. ; SUTTER, E. ; LÜTH, H.: Photoluminescence and Intrinsic Properties of MBE-Grown InN Nanowires. In: *Nano Letters* 6 (2006), Nr. 7, S. 1541–1547

[116] GWO, S. ; WU, C.-L. ; SHEN, C.-H. ; CHANG, W.-H. ; HSU, T. M. ; WANG, J.-S. ; HSU, J.-T.: Heteroepitaxial growth of wurtzite InN films on Si(111) exhibiting strong near-infrared photoluminescence at room temperature. 84 (2004), Nr. 19, S. 3765–3767. – ISSN 00036951

[117] KUMAR, M. ; RAJPALKE, M. K. ; BHAT, T. N. ; ROUL, B. ; SINHA, N. ; KALGHATGI, A.T. ; KRUPANIDHI, S.B.: Growth of InN layers on Si (111) using ultra thin silicon nitride buffer layer by NPA-MBE. In: *Materials Letters* 65 (2011), Nr. 9, S. 1396 – 1399. – ISSN 0167–577X

[118] RAUCH, C. ; REURINGS, F. ; TUOMISTO, F. ; VEAL, T. D. ; MCCONVILLE, C. F. ; LU, H. ; SCHAFF, W. J. ; GALLINAT, C. S. ; KOBLMÃ¼LLER, G ; SPECK, J. S. ; EGGER, W. ; LÖWE, B. ; RAVELLI, L. ; SOJAK, S.: In-vacancies in Si-doped InN. In: *physica status solidi (a)* 207 (2010), Nr. 5, S. 1083–1086. – ISSN 1862–6319

[119] HARIMA, H.: Properties of GaN and related compounds studied by means of Raman scattering. In: *Journal of Physics: Condensed Matter* 14 (2002), Nr. 38, S. R967

Literaturverzeichnis

[120] THAKUR, J. S. ; HADDAD, D. ; NAIK, V. M. ; NAIK, R. ; AUNER, G. W. ; LU, H. ; SCHAFF, W. J.: A1(*LO*) phonon structure in degenerate InN semiconductor films. In: *Phys. Rev. B* 71 (2005), Mar, Nr. 11, S. 115203

[121] DEMANGEOT, F. ; PINQUIER, C. ; FRANDON, J. ; GAIO, M. ; BRIOT, O. ; MALEYRE, B. ; RUFFENACH, S. ; GIL, B.: Raman scattering by the longitudinal optical phonon in InN: Wave-vector nonconserving mechanisms. In: *Phys. Rev. B* 71 (2005), Mar, Nr. 10, S. 104305

[122] GALLINAT, C. S. ; KOBLMULLER, G. ; BROWN, J. S. ; SPECK, J. S.: A growth diagram for plasma-assisted molecular beam epitaxy of In-face InN. In: *Journal of Applied Physics* 102 (2007), Nr. 6, S. 064907

[123] KOBLMÜLLER, G. ; HIRAI, A. ; WU, F. ; GALLINAT, C. S. ; METCALFE, G. D. ; SHEN, H. ; WRABACK, M. ; SPECK, J. S.: Molecular beam epitaxy and structural anisotropy of m-plane InN grown on free-standing GaN. In: *Applied Physics Letters* 93 (2008), Nr. 17, S. 171902

[124] NEUMANN, H.: J. H. Edgar (ed.). Properties of Group III Nitrides. (EMIS Datareviews Series No. 11). INSPEC, The Institution of Electrical Engineers, London 1994. In: *Crystal Research and Technology* 30 (1995), Nr. 7, S. 910–910. – ISSN 1521–4079

[125] O'HARE, P. A. G. ; TOMASZKIEWICZ, I. ; BECK, C. M. ; II ; SEIFERT, H. J.: Thermodynamics of silicon nitride. I. Standard molar enthalpies of formation [Delta]fHmoat the temperature 298.15 K of [alpha]-Si3N4and [beta]-Si3N4. In: *The Journal of Chemical Thermodynamics* 31 (1999), Nr. 3, S. 303–322. – ISSN 0021–9614

[126] BLANT, A. V. ; CHENG, T. S. ; JEFFS, N. J. ; FLANNERY, L. B. ; HARRISON, I. ; MOSSELMANS, J. F. W. ; SMITH, A. D. ; FOXON, C. T.: EXAFS studies of Mg doped InN grown on Al2O3. In: *Materials Science and Engineering B* 59 (1999), S. 218–221. – ISSN 0921–5107

[127] JONES, R. E. ; YU, K. M. ; LI, S. X. ; WALUKIEWICZ, W. ; AGER, J. W. ; HALLER, E. E. ; LU, H. ; SCHAFF, W. J.: Evidence for p-Type Doping of InN. In: *Phys. Rev. Lett.* 96 (2006), Mar, Nr. 12, S. 125505

[128] ANDERSON, P. A. ; SWARTZ, C. H. ; CARDER, D. ; REEVES, R. J. ; DURBIN, S. M. ; CHANDRIL, S. ; MYERS, T. H.: Buried p-type layers in Mg-doped InN. In: *Applied Physics Letters* 89 (2006), Nr. 18, S. 184104

[129] CIMALLA, V. ; NIEBELSCHÜTZ, M. ; ECKE, G. ; LEBEDEV, V. ; AMBACHER, O. ; HIMMERLICH, M. ; KRISCHOK, S. ; SCHAEFER, J. A. ; LU, H. ; SCHAFF, W. J.: Surface band bending at nominally undoped and Mg-doped InN by Auger Electron Spectroscopy. In: *physica status solidi (a)* 203 (2006), Nr. 1, S. 59–65. – ISSN 1862–6319

[130] BELABBES, A. ; KIOSEOGLOU, J. ; KOMNINOU, Ph. ; EVANGELAKIS, G.A. ; FERHAT, M. ; KARAKOSTAS, Th.: Magnesium adsorption and incorporation in InN (0 0 0 1) and surfaces: A first-principles study. In: *Applied Surface Science* 255 (2009), Nr. 20, S. 8475–8482. – ISSN 0169–4332

[131] AKIYAMA, T. ; NAKAMURA, K. ; ITO, T. ; SONG, J.-H. ; FREEMAN, A. J.: Structures and electronic states of Mg incorporated into InN surfaces: First-principles pseudopotential calculations. In: *Phys. Rev. B* 80 (2009), Aug, Nr. 7, S. 075316

[132] KHAN, N. ; NEPAL, N. ; SEDHAIN, A. ; LIN, J. Y. ; JIANG, H. X.: Mg acceptor level in InN epilayers probed by photoluminescence. In: *Applied Physics Letters* 91 (2007), Nr. 1, S. 012101

[133] CUSCO, R. ; DOMENECH-AMADOR, N. ; ARTUS, L. ; GOTSCHKE, T. ; JEGANATHAN, K. ; STOICA, T. ; CALARCO, R.: Probing the electron density in undoped, Si-doped, and Mg-doped InN nanowires by means of Raman scattering. In: *Applied Physics Letters* 97 (2010), Nr. 22, S. 221906

[134] LENCÉS, Z. ; PENTRÁKOVÁ, L. ; HRABALOVÁ, M. ; SAJGALÍK, P. ; HIRAO, K.: Decomposition of MgSiN2 in nitrogen atmosphere. In: *Journal of the European Ceramic Society* 31 (2011), Nr. 8, S. 1473–1480. – ISSN 0955-2219

[135] HAN, S. AND JIN, W. AND TANG, T. AND LI, C. AND ZHANG, D. H. AND LIU, X. L. AND HAN, J. AND ZHOU, C. W.: Controlled growth of gallium nitride single-crystal nanowires using a chemical vapor deposition method. In: *JOURNAL OF MATERIALS RESEARCH* 18 (2003), FEB, Nr. 2, S. 245–249. – ISSN 0884-2914

[136] GEELHAAR, L. ; CHÈZE, C. ; WEBER, W. M. ; AVERBECK, R. ; RIECHERT, H. ; KEHAGIAS, Th. ; KOMNINOU, Ph. ; DIMITRAKOPULOS, G. P. ; KARAKOSTAS, Th.: Axial and radial growth of Ni-induced GaN nanowires. In: *Applied Physics Letters* 91 (2007), Nr. 9, S. 093113. – ISSN 00036951

[137] CHEZE, C. ; GEELHAAR, L. ; BRANDT, O. ; WEBER, W. ; RIECHERT, H. ; MÖNCH, S. ; ROTHEMUND, R. ; REITZENSTEIN, S. ; FORCHEL, A. ; KEHAGIAS, T. ; KOMNINOU, P. ; DIMITRAKOPULOS, G. ; KARAKOSTAS, T.: Direct comparison of catalyst-free and catalyst-induced GaN nanowires. In: *Nano Research* 3 (2010), S. 528–536. – ISSN 1998-0124

[138] ISHIZAWA, S. ; SEKIGUCHI, H. ; KIKUCHI, A. ; KISHINO, K.: Selective growth of GaN nanocolumns by Al thin layer on substrate. In: *physica status solidi (b)* 244 (2007), Nr. 6, S. 1815–1819. – ISSN 1521-3951

[139] ISHIZAWA, S. ; KISHINO, K. ; KIKUCHI, A.: Selective-area growth of GaN nanocolumns on Si(111) substrates using nitrided al nanopatterns by rf-plasma-assisted molecular-beam epitaxy. In: *APPLIED PHYSICS EXPRESS* 1 (2008), JAN, Nr. 1

[140] KISHINO, K. ; HOSHINO, T. ; ISHIZAWA, S. ; KIKUCHI, A.: Selective-area growth of GaN nanocolumns on titanium-mask-patterned silicon (111) substrates by RF-plasma-assisted molecular-beam epitaxy. In: *ELECTRONICS LETTERS* 44 (2008), JUN 19, Nr. 13, S. 819–U55

[141] SEKIGUCHI, H. ; KISHINO, K. ; KIKUCHI, A.: Ti-mask Selective-Area Growth of GaN by RF-Plasma-Assisted Molecular-Beam Epitaxy for Fabricating Regularly Arranged InGaN/GaN Nanocolumns. In: *APPLIED PHYSICS EXPRESS* 1 (2008), DEC, Nr. 12

Literaturverzeichnis

[142] KISHINO, K. ; SEKIGUCHIA, H. ; KIKUCHI, A.: Improved Ti-mask selective-area growth (SAG) by rf-plasma-assisted molecular beam epitaxy demonstrating extremely uniform GaN nanocolumn arrays. In: *JOURNAL OF CRYSTAL GROWTH* 311 (2009), MAR 15, Nr. 7, S. 2063–2068

[143] ISHIZAWA, S. ; KISHINO, K. ; ARAKI, R. ; KIKUCHI, A. ; SUGIMOTO, S.: Optically Pumped Green (530-560 nm) Stimulated Emissions from InGaN/GaN Multiple-Quantum-Well Triangular-Lattice Nanocolumn Arrays. In: *APPLIED PHYSICS EXPRESS* 4 (2011), MAY, Nr. 5

[144] KOUNO, T. ; KISHINO, K. ; SUZUKI, T. ; SAKAI, M.: Lasing Actions in GaN Tiny Hexagonal Nanoring Resonators. In: *IEEE PHOTONICS JOURNAL* 2 (2010), DEC, Nr. 6, S. 1027–1033

[145] SEKIGUCHI, H. ; KISHINO, K. ; KIKUCHI, A.: Emission color control from blue to red with nanocolumn diameter of InGaN/GaN nanocolumn arrays grown on same substrate. In: *APPLIED PHYSICS LETTERS* 96 (2010), JUN 7, Nr. 23

[146] KOUNO, T. ; KISHINO, K. ; SAKAI, M. ; INOSE, Y. ; KIKUCHI, A. ; EMA, K.: Stimulated emission on two-dimensional distributed feedback scheme in triangular GaN nanocolumn arrays. In: *ELECTRONICS LETTERS* 46 (2010), APR 29, Nr. 9, S. 644–U65

[147] KOUNO, T. ; KISHINO, K. ; YAMANO, K. ; KIKUCHI, A.: Two-dimensional light confinement in periodic InGaN/GaN nanocolumn arrays and optically pumped blue stimulated emission. In: *OPTICS EXPRESS* 17 (2009), OCT 26, Nr. 22, S. 20440–20447

[148] CALLEJA, E. ; RISTIC, J. ; FERNANDEZ-GARRIDO, S. ; CERUTTI, L. ; SA¡NCHEZ-GARCIA, M. A. ; GRANDAL, J. ; TRAMPERT, A. ; JAHN, U. ; SANCHEZ, G. ; GRIOL, A. ; SANCHEZ, B.: Growth, morphology, and structural properties of group-III-nitride nanocolumns and nanodisks. In: *physica status solidi (b)* 244 (2007), Nr. 8, S. 2816–2837

[149] BERTNESS, K. A. ; SANDERS, A. W. ; ROURKE, D. M. ; HARVEY, T. E. ; ROSHKO, A. ; SCHLAGER, J. B. ; SANFORD, N. A.: Controlled Nucleation of GaN Nanowires Grown with Molecular Beam Epitaxy. In: *Advanced Functional Materials* 20 (2010), S. 2911–2915

[150] PISCH, A. ; SCHMID-FETZER, R.: In situ decomposition study of GaN thin films. In: *Journal of Crystal Growth* 187 (1998), Nr. 3-4, S. 329 – 332. – ISSN 0022-0248

Abbildungsverzeichnis

1.1 Darstellung der Bandlücke über der Gitterkonstante des jeweiligen Materials [10]. Der Hintergrund spiegelt die zugehörige Farbe wieder. 2

2.1 Beschreibung der MBE-Anlage (M8) am Paul Drude Institut Berlin. 8
2.2 Schematische Darstellung eines LoS-QMS [44]. 11
2.3 Evolution des GaN Nukleationskeims nach [50, 58]. 16
2.4 Diffusionsprozesse während des Wachstums von GaN Nanodrähten nach [47]. 19
2.5 Schematische Darstellung der unterschiedlichen Polaritätsrichtungen. . . . 21
2.6 Koaleszenz von GaN Nanodrähten ([79]). Das Inset zeigt ein fouriertransformierte Bild aus dem weißmarkierten Ausschnit. Die schwarzen Pfeile markieren koaleszenzinduzierte Stapelfehler. 23

3.1 Banddiagramm in einem Nanodraht mit Verarmungs- bzw. Anreicherungsschicht an der Oberfläche. 26
3.2 SEM-Aufnahmen in Schrägansicht von undotierten InN Nanodrähten. . . . 28
3.3 SEM-Aufnahmen der drei Wachstumsserien. Skala entspricht 200 nm. . . . 28
3.4 Statistische Analyse der in Abb. 3.3 gezeigten Proben, optimale Bedingungen mit niedrigen Fluktuationen sind gestrichelt umrandet. 29
3.5 Strukturelle Analyse von optimierten InN Nanodrähten. 32
3.6 SEM-Aufnahmen zu Proben mit verschiedenen Wachstumszeiten bei konstanten Wachstumsparametern ($\phi_{Si} = 0.18$ nm/min, $T_{Sub} = 497$ °C , $\phi_{In} = 1.5$ nm/min, $\phi_{N} = 18$ nm/min). Bei 30 min ist die Kontur der Oberflächenschicht eingezeichnet. 33
3.7 HRTEM-Aufnahme der zwischen den Si-dotierten InN-Nanodrähten gewachsenen Schicht. 34
3.8 SIMS von Si-dotierten InN-Nanodrähten. 35
3.9 Photolumineszenzspektren von InN-Nanodrähten. 36
3.10 Ramanspektroskopie an undotierten und dotierten InN-Nanodrähten. . . . 38
3.11 SEM-Aufnahmen der drei Wachstumsserien. Skala entspricht 500 nm. . . . 40
3.12 Optische Spektroskopie an un- und Mg-dotierten InN-Nano-drähten. . . . 42
3.13 Elektrische Transportmessungen an Mg-dotierten InN-Nanodrähten. Die Daten mit (*) sind von Richter *et al.* aus [109]. 43

4.1 Darstellung der Nanodraht-Dichte über der Wachstumszeit für unterschiedliche Inkubationszeiten. 46
4.2 Schematische Darstellung der unterschiedlichen Substrattypen. 48
4.3 Designübersicht der Strukturen, die mit AutoCAD erstellt wurden. 49
4.4 SEM-Aufsicht eines strukturierten Substrates mit Löchern in der SiO_x-Maske. 51
4.5 SEM-Aufsichtsaufnahmen zu Proben mit nicht-selektiv gewachsenen GaN Nanodrähten bei hohen Temperaturen. 52
4.6 LoS-QMS von bei hohen Temperaturen (rote Kurve) gewachsenen GaN Nanodrähten im Vergleich zum „standardmäßigen" Wachstum (schwarze Kurve). 54

Abbildungsverzeichnis

4.7   LoS-QMS-Signal einer Probe bei hoher Temperatur ($T_{Sub} = 825$ °C) mit Wachstumsunterbrechungen zur Analyse der Dekomposition.   55
4.8   Vergleich der aus den LoS-QMS-Messungen gewonnenen Raten.   56
4.9   SEM-Aufsichtsaufnahmen zu Proben mit nicht-selektiv gewachsenen GaN Nanodrähten bei hohen Temperaturen.   57
4.10   Vergleich des Ga-Desorptionssignal mit der Wachstumsrate von selektiv gewachsenen GaN Nanodrähten. Die Wachstumsraten wurden entlang eines Querschnitts des Wafers an 10 äquidistanten Positionen gemessen. Die Positionen 4 – 7 beziehen sich auf den vom LoS-QMS erfassten Bereich im Zentrum des Wafers.   59
4.11   SEM-Seitenansichts-Bilder von GaN Nanodrähten mit und ohne Ausheizphase.   59
4.12   Bestimmung der Nukleationstemperatur, d.h. der maximalen Substrattemperatur, bei der für ein vordefiniertes Zeitintervall (hier 30 min) und konstantem Ga-Fluss Nukleation stattfindet. Durch Variation des Ga-Flusses lassen sich die Wachstumsparameter für das selektive Wachstum eingrenzen.   62
4.13   SEM-Aufsichtsbilder von selektiv gewachsenen GaN Nanodrähten auf dem Substrattyp iii bei unterschiedlichen N-Flüssen.   63
4.14   SEM-Schrägansichtsbilder von bei unterschiedlichen Substrattemperaturen, selektiv gewachsenen GaN-Nanodrähten.   64
4.15   SEM-Schrägansichtsbilder von bei unterschiedlichen Ga-Flüssen, selektiv gewachsenen GaN-Nanodrähten.   64
4.16   SEM-Schrägansichtsbilder von selektiv gewachsenen GaN-Nanodrähten für unterschiedliche Wachstumszeiten bei ansonsten identischen Parametern. . .   65
4.17   SEM-Schrägsichtbilder für unterschiedliche Lochdurchmesser bei gleichen Wachstumsbedingungen.   67
4.18   Histogramme (rot) zur statistischen Analyse der Morphologie bei unterschiedlichen Lochdurchmessern bei einer Wachstumszeit von 4h. Die Gauß-Anpassungskurven sind in schwarz dargestellt. Für Proben ohne Anpassung signalisieren die Doppelpfeile die Halbwertsbreite. Der Lochdurchmesser ist als gestrichelte Linie eingezeichnet.   68
4.19   SEM-Bilder zum Wachstum unter optimalen Bedingungen.   70
5.1   a) Schematische Zeichnung der hier verwendeten, verschiedenen Substrattypen i - v. b) SEM-Bilder in Aufsicht der zugehörigen Substrattypen. . . .   74
5.2   SEM-Bilder in Aufsicht für die Substrattypen i – iv mit einem Strukturdurchmesser von a) 100 nm und b) 50 nm. Das weiße, gestrichelte Rechteck für den Substrattyp iv deutet den Lochumfang an.   75
5.3   Selektives Wachstum von GaN aus Löchern mit $d_{Loch} = 50$ nm auf unterschiedlich gewachsenen AlN-Schichten.   78
5.4   GaN-Inseln bei einem Lochdurchmesser von $d_{Loch} = 150$ nm.   79
5.5 $\omega/2\theta$-scans für die selektiv gewachsenen GaN-Inseln und -Nanodrähte. . . .   80
5.6   SEM-Aufsichtsbilder des Wachstums nach verschiedenen Wachstumszeit. . .   81
5.7   Wachstum nach 120 min mit unterschiedlichen Lochdurchmessern.   82
5.8   Nukleationsmodell auf Al-reich gewachsenen AlN-Schichten.   83
5.9   GaN-Nanodrähte auf einer unter N-reichen Bedingungen gewachsenen AlN-Schicht. Während der Deposition der Nanodrähte war der Ga-Fluss leicht reduziert im Vergleich zu den vorher diskutierten Proben.   85

Abbildungsverzeichnis

5.10 Nukleationsmodell auf N-reich gewachsenen Schichten. 86
5.11 Nukleationsmodell auf N-reich gewachsenen Schichten. 87
5.12 SEM-Bilder für ein Substrattyp vi. 89
5.13 SEM-Schräg- und Aufsichtsbilder für $d_{Loch} = 50$ nm für unterschiedliche Lochperioden ($P = 0,3$ μm in a) + d), $P = 1$ μm in b) + e), $P = 1,5$ μm in c) + f). 91
5.14 Abhängigkeit der Länge und des Durchmessers von der Periode der Nanodrähte. 92
5.15 Abhängigkeit des Überwuchses von der Periode der Nanodrähte. 93
5.16 Schematische Darstellung der drei Fälle für die Einsammelflächen auf dem Substrat. 94
5.17 Experimentelle Daten der Abhängigkeit des Volumens von der Periode der Nanodrähte für verschiedene Lochdurchmesser (Punkte) mit den zugehörigen Fitkurven aus Gleichung 5.6. 95
5.18 Darstellung der Fitparameter für verschiedene Lochdurchmesser. 96
5.19 Abbildung des Wachstum nach verschiedenen Wachstumszeiten in SEM-Schrägansicht für einen Lochdurchmesser von $d_{Loch} = 50$ nm. 97
5.20 Abbildung des Wachstum nach verschiedenen Wachstumszeiten in SEM-Schrägansicht für einen Lochdurchmesser von $d_{Loch} = 150$ nm. 98
5.21 Messung des Nanodrahtdurchmessers und der -länge für einen Lochdurchmesser von $d_{Loch} = 150$ nm und Periode von $P = 1$ μm für verschiedene Wachstumszeiten. 99
5.22 Vergleich der Nanodrahtlänge über der Wachstumszeit für verschiedene Lochdurchmesser. 100
5.23 Messung des Durchmessers der Nanodrähte in Abhängigkeit von der Wachstumszeit für verschiedene Lochdurchmesser. 101
5.24 Abbildung eines Einzeldrahtes nach $t_{Wac} = 240$ min für einen Lochdurchmesser von $d_{Loch} = 70$ nm. Der weiße Pfeil indiziert den einfallenden Ga-Fluss, der Schwarze den erwarteten Durchmesser bei einer weithin linearen Wachstumsrate. 104

6.1 Darstellung eines Substrates mit geordneten Löchern, in denen Ga-Tropfen mit kontrolliertem Durchmesser deponiert wurden. 111
6.2 SEM-Aufsichtsansicht von selektiv gewachsenen InN-Nanodrähten. 112
6.3 Selektiv gewachsene GaN-Nanodrähte aus unterschiedlichen Löchern. . . . 113
6.4 PL-Messung an selektiv gewachsenen GaN-Nanodrähten. 114
6.5 Nicht-selektive gewachsene Nanodraht-LED. Bereits bei einer Spannung von 8 V ist deutlich das intensive, grüne Licht zu erkennen. Bei niedrigeren Spannungen ist in der Vergrößerung deutlich die Inhomogenität in der Emissionswellenlänge und -kraft (1 % aktiv) der Nanodrähte zu erkennen. (Bilder und LED hergestellt von den Kollegen F. Limbach, M. Wölz und C. Hauswald). 114

Tabellenverzeichnis

4.1	Substratübersicht	48
5.1	Ergebnisse der Anpassung von Gleichung 5.6 an die experimentellen Daten aus 5.16.	96
1	Umrechnung der BEP- in nm/min-Werte.	116

i want morebooks!

Buy your books fast and straightforward online - at one of world's fastest growing online book stores! Environmentally sound due to Print-on-Demand technologies.

Buy your books online at
www.get-morebooks.com

Kaufen Sie Ihre Bücher schnell und unkompliziert online – auf einer der am schnellsten wachsenden Buchhandelsplattformen weltweit! Dank Print-On-Demand umwelt- und ressourcenschonend produziert.

Bücher schneller online kaufen
www.morebooks.de

 VDM Verlagsservicegesellschaft mbH
Heinrich-Böcking-Str. 6-8   Telefon: +49 681 3720 174   info@vdm-vsg.de
D - 66121 Saarbrücken   Telefax: +49 681 3720 1749   www.vdm-vsg.de

Printed by Books on Demand GmbH, Norderstedt / Germany